Matemática Financeira sem segredos

Dados Internacionais de Catalogação na Publicação (CIP)
(Câmara Brasileira do Livro, SP, Brasil)

Mielli, Helio de Carvalho
Matemática financeira sem segredos / Helio de Carvalho Mielli. -- São Paulo : Editora Senac São Paulo, 2019.

Bibliografia.
ISBN 978-65-5536-316-6 [Venda internacional]

1. Matemática financeira I. Título.

19-979t CDD – 513.9
BISAC BUS091000
MAT034000

Índice para catálogo sistemático:

1. Matemática financeira 513.9

Helio de Carvalho Mielli

Matemática Financeira *sem segredos*

Editora Senac São Paulo – São Paulo – 2019

Gerente/Publisher: Jeane Passos de Souza (jpassos@sp.senac.br)
Coordenação Editorial/Prospecção: Luís Américo Tousi Botelho (luis.tbotelho@sp.senac.br)
Dolores Crisci Manzano (dolores.cmanzano@sp.senac.br)
Administrativo: grupoedsadministrativo@sp.senac.br
Comercial: comercial@editorasenacsp.com.br

Edição e Preparação de Texto: Adalberto Luís de Oliveira
Coordenação de Revisão de Texto: Luiza Elena Luchini
Revisão de Texto: Marcelo Nardeli
Projeto Gráfico e Capa: Sandra Regina Santana

EDITORA SENAC SÃO PAULO
Rua 24 de Maio, 208 – 3º andar – Centro – CEP 01041-000
Caixa Postal 1120 – CEP 01032-970 – São Paulo – SP
Tel. (11) 2187-4450 – Fax (11) 2187-4486
E-mail: editora@sp.senac.br
Home page: http://www.livrariasenac.com.br

Sumário

Nota do editor

De forma simples e direta, este livro aborda os conceitos da matemática financeira que poderiam parecer bem complicados. A ideia é desmistificar esses conceitos, desfazendo a aura de dificuldade que os envolve.

Cálculos de créditos, pagamentos, fluxo de caixa, investimento, ou formulações mais complexas, como cálculos de juros compostos, amortização, capitalização, etc. – nada como dominar os passos essenciais para resolvê-los, seja a partir das fórmulas algébricas, seja pela programação de uma HP 12C ou, ainda, por meio da construção de uma planilha no Excel.

Todos esses temas são tratados com exemplos didaticamente elaborados e com a proposição de exercícios bastante atuais, o que o torna uma obra de referência para os interessados no aperfeiçoamento ou qualificação na área financeira.

Lançamento do Senac São Paulo, *Matemática financeira sem segredos* é destinado a estudantes universitários ou de cursos técnicos, administradores de empresas, contabilistas e demais profissionais ligados à área administrativa ou ao mercado financeiro.

Funções básicas da calculadora HP 12C

A calculadora HP 12C é conhecida como "financeira" por possuir diversas teclas e funções dedicadas ao tema, como veremos ao longo deste capítulo.

Teclado

O teclado da HP 12C é multiuso, podendo cada tecla assumir até três funções distintas.

- 1ª função: teclado na cor branca, mediante o acionamento direto da tecla.
- 2ª função: teclado na cor azul, mediante o acionamento prévio da tecla [g] (cor azul).
- 3ª função: teclado em amarelo, acima das teclas, mediante o acionamento prévio da tecla [f] (cor amarela).

Tecla [ON]

Ligar e desligar. Se a calculadora permanecer ligada e sem uso, ela desligará automaticamente em aproximadamente 10 minutos.

Tecla [.]

Ponto decimal e separador de dígitos.

No formato original da HP 12C o ponto decimal é representado por um ponto, e cada grupo de três dígitos é separado por vírgula.

É aconselhável alterar essa configuração, para se ter o ponto decimal representado por vírgula, como é o padrão brasileiro. Para tanto, basta fazer o seguinte:

1. Desligue a calculadora.
2. Aperte e segure a tecla [.] e,
3. Simultaneamente, aperte a tecla [ON].

Repetindo esta sequência a HP 12C retorna à configuração original.

Visor

O visor da HP 12C suporta no máximo dez dígitos.

É possível ajustar o número de casas decimais a serem mostradas no visor, mediante a digitação da tecla [f], seguida do número de casas decimais desejadas.

Exemplo:

Digite o número 3,456789123 e, a seguir, a tecla [Enter].

Prossiga conforme quadro abaixo:

Digite	Visor
[f] e [9]	3,456789123
[f] e [4]	3,4568
[f] e [2]	3,46
[f] e [1]	3,5

Atenção:

1. Ao reduzirmos o número de casas decimais no visor, podem ocorrer arredondamentos no número resultante.
2. Independentemente do número de casas decimais mostradas no visor, ao efetuarmos cálculos em sequência, a HP 12C trabalha com todos os dígitos.

Limpeza de registros

Há várias maneiras de apagar ou zerar registros na HP 12C, utilizando as teclas CLEAR, conforme quadro a seguir:

Teclas	Apagar/Zerar
[CLX]	Visor e registro X.
[f] CLEAR [Σ]	Registros estatísticos (R_1 a R_6), registros da pilha e o visor.
[f] CLEAR [PRGM]	Programas (somente com a máquina no modo de programação).
[f] CLEAR [FIN]	Registros financeiros.
[f] CLEAR [REG]	Todos os registradores e o visor, exceto programas.

Pilha operacional

A HP 12C possui um sistema composto de quatro registradores (X, Y, Z e T), em que "X" representa o visor da máquina e as operações são realizadas somente entre os registradores "Y" e "X".

Exemplo:

Proceda conforme descrito a seguir e acompanhe o comportamento da HP 12C no quadro abaixo.

- Digite [f] CLEAR [REG] para apagar todos os registradores.
- Digite, pausadamente, a sequência abaixo (última linha da tabela), e acompanhe o comportamento da pilha operacional.

T						1	1	1	1
Z				1	1	2	2	1	1
Y		1	1	2	2	3	3	2	1
X	1	1	2	2	3	3	4	12	14
Digitação	**1**	**Enter**	**2**	**Enter**	**3**	**Enter**	**4**	**x**	**+**

Note que:

- Ao digitar a tecla [Enter] a HP 12C armazena, no registrador "Y", o número existente no visor (registrador "X"), e também o mantém no visor (registrador "X") à espera do próximo comando.
- Ao digitar um novo número, este substitui o que estava no visor (registrador "X") anteriormente.

É possível armazenar três números seguidos, sem realizar qualquer operação.

Se após o número 4 digitarmos [Enter] novamente, este é armazenado no registrador "Y", mas perdemos o número 1 que estava no registrador "T".

Ao digitarmos [x] a HP 12C multiplica "Y" por "X" (3 × 4 = 12), e baixa os números na pilha operacional.

Ao digitarmos [+] a HP 12C soma "Y" e "X" (2 + 12 = 14), e baixa os números na pilha operacional.

O número 1 que estava no registrador "T" permanece constante.

Há também teclas especiais que alteram registros ou a ordem dos mesmos na pilha operacional:

- [CHS]
  - Troca o sinal do número existente no visor (registrador "X").
  - É utilizado para inserir números negativos na HP 12C.
- Tecla [X >< Y]
  - Troca de posição os números existentes nos registradores "X" e "Y".
- Tecla [R ↓]
  - Gira para baixo os números existentes na pilha, como se estivessem presos em um cilindro.

Realizando cálculos

A pilha operacional permite a realização de cálculos complexos, sem a necessidade de digitar parênteses ou armazenar resultados intermediários.

É necessário, porém, realizar os cálculos respeitando as propriedades aritméticas.

Exemplos:

1. 2 + 4 – 1 + 10

   2 [Enter] 4 [+] 1 [–] 10 [+]

   Resposta: 15,00.

2. 10,50 × 2 – 8,30

   10,50 [Enter] 2 [x] 8,30 [–]

   Resposta: 12,70.

3. 10 / 2 + 5 × 2 – 5 + 10

   10 [Enter] 2 [÷] 5 [Enter] 2 [x] [+] 5 [–] 10 [+]

   Resposta: 20,00.

4. 1.000,00 × (1 + 10 / 100)

   1.000 [Enter] 1 [Enter] 10 [Enter] 100 [÷] [+] [x]

   Resposta: 1.100,00.

5. $(1 + 2 / 100)^6$

   1 [Enter] 2 [Enter] 100 [÷] [+] 6 [Y^x]

   Resposta: 1,1262.

Armazenamento e recuperação de números

A HP 12C possui vinte registros disponíveis para armazenamento manual de números e posterior recuperação.

Esses registros são numerados de 0 a 9 e de (.) 0 a (.) 9.

Para armazenar um número que aparece no visor da HP 12C, basta digitar a tecla [STO] e, em seguida, o número do registrador desejado.

Para recuperar um número armazenado, basta digitar a tecla [RCL] e, em seguida, o número do registrador desejado. Essa ação copia para o visor da máquina o número armazenado, que permanece inalterado no registrador.

Exemplo:

Armazenar os números 100,00 e 150,00 nas memórias 1 e (.) 4, respectivamente:

100 [STO] 1 150 [STO] (.) 4

Vamos agora recuperar e somar os dois números (100 + 150 = 250):

[RCL] 1 [RCL] (.) 4 [+]

Resposta: 250,00.

- Observe que os números 100 e 150 permanecem armazenados nos respectivos registradores:

  [RCL] 1 => 100,00;

  [RCL] (.) 4 => 150,00.

Funções de porcentagem

A HP 12C possui três teclas destinadas a cálculos de porcentagem:

Tecla [%]

Determina o valor correspondente à porcentagem de um número.

Exemplo:

Calcular o valor correspondente a 10% de R$ 10.000,00.

Digite:

10.000 [Enter]

10 [%]

Resposta: 1.000,00.

Na sequência acima, poderíamos acrescentar as teclas [+] para obter o valor acrescido dos juros ou [–] para aplicarmos um desconto:

a. 10.000 [Enter]
   10 [%] [+]
   Resposta: 11.000,00

b. 10.000 [Enter]
   10 [%] [–]
   Resposta: 9.000,00.

Tecla [Δ%]

Determina a variação percentual entre dois números.

Exemplo:

O faturamento de uma loja no mês de janeiro foi de R$ 100.000,00 e, no mês seguinte, de R$ 150.000,00. Determine a variação percentual ocorrida no período:

100.000 [Enter]

150.000 [Δ%]

Resposta: 50%.

Atenção:

Se tivéssemos R$ 150.000,00 de faturamento em janeiro e R$ 100.000,00 em fevereiro, teríamos:

150.000 [Enter]

100.000 [Δ%]

Resposta: –33,33%.

Tecla [%T]

Determina qual porcentagem um número representa de outro. Essa função é muito útil no cálculo de análise vertical.

Exemplo:

Uma empresa faturou R$ 150.000,00 no mês de janeiro; R$ 90.000,00, em fevereiro; e R$ 60.000,00, em março. Determine o faturamento total no trimestre e a participação percentual de cada mês no total.

Para calcular o faturamento total do trimestre, digite a sequência a seguir:

150.000 [Enter]

90.000 [+]

60.000 [+]

- No visor da máquina observamos o valor R$ 300.000,00.

Sem retirar os números da máquina, digite a sequência a seguir para calcular a participação percentual de cada mês:

150.000 [%T]

- No visor da máquina observamos o valor 50,00, que corresponde a 50%.

[CLX] 90.000 [%T]

- No visor da máquina observamos o valor 30,00, que corresponde a 30%.

[CLX] 60.000 [%T]

- No visor da máquina observamos o valor 20,00, que corresponde a 20%.

Respostas: janeiro, 50%; fevereiro, 30%; e março, 20%.

Funções de calendário

A HP 12C possui duas funções de calendário – [DATE] e [ΔDYS] –, que trabalham com datas entre 15 de outubro de 1582 e 25 de novembro de 4046.

A configuração original da HP 12C apresenta datas no formato mês-dia-ano.

Recomenda-se alterar a configuração para dia-mês-ano (padrão brasileiro), digitando a sequência [g] [DMY]. No visor da máquina aparecerá a sigla "D.MY".

Nessa configuração a entrada de datas é feita digitando-se:

1. O dia com 1 ou 2 dígitos.
2. A tecla do ponto decimal [.].
3. O mês com 2 dígitos.
4. O ano com 4 dígitos.
5. Tecla [Enter].

Para retornar ao formato original, digite a sequência [g] [MDY].

Função [g] [ΔDYS]

Calcula a diferença de dias entre duas datas.

Exemplo:

Qual o prazo decorrido entre as datas 05/04/2017 e 25/04/2017

05 [.] 042017 [Enter]

25 [.] 042017 [g] [ΔDYS]

Resposta: 20 dias.

Função [g] [DATE]

Dados uma data e um prazo, a HP 12C calcula uma nova data, informando, inclusive, o dia da semana (representado por números de 1 a 7: o número 1 corresponde à segunda-feira e o 7, ao domingo).

Exemplos:

1. Qual a data de vencimento de um título emitido em 25/02/2017, pelo prazo de 30 dias

   25 [.] 022017 [Enter]

   30 [g] [DATE]

   Resposta: 27.03.2017 1. (segunda-feira)

2. Qual a data de vencimento de um título emitido em 25/02/2017, pelo prazo de 31 dias

   25 [.] 022017 [Enter]

   31 [g] [DATE]

   Resposta: 28.03.2017 2. (terça-feira)

Funções financeiras

A HP 12C possui um conjunto de cinco registradores (memórias), destinadas ao armazenamento e cálculo das variáveis a seguir:

1. (n) – Prazo.
2. (i) – Taxa de juros (em porcentagem).
3. (PV) – Valor presente.
4. (PMT) – Valor dos pagamentos ou prestações.
5. (FV) – Valor futuro.

Atenção:

1. A utilização das funções financeiras deve ser precedida da limpeza de registros, para evitar a contaminação do cálculo por valores indesejáveis.
   - limpeza dos registradores financeiros: [f] [CLEAR] [FIN], ou
   - limpeza de todos os registradores: [f] [CLEAR] [REG].
2. A ordem de entrada dos valores na máquina não interfere no resultado do cálculo.
3. A taxa de juros – registrador (i) – é expressa em porcentagem.

A função financeira da HP 12C trabalha como um diagrama de fluxo de caixa.

- Se o valor presente (PV) é positivo, entrou dinheiro. Logo, o valor futuro (FV) será negativo, representando pagamento ou saída de dinheiro.
- Se o valor presente (PV) é negativo, saiu dinheiro. Logo, o valor futuro (FV) será positivo, representando a entrada de dinheiro.
- O mesmo raciocínio se aplica aos relacionamentos entre (PV) e (PMT), ou (FV) e (PMT).
- Quando inserimos duas das três variáveis (PV, FV, PMT), um dos valores deve ser negativo. Caso contrário, a HP 12C retornará com a mensagem "ERRO 5".

Quando o prazo da operação – variável (n) – é fracionário, a HP 12C efetua os cálculos utilizando um regime misto de juros compostos e juros simples, sendo a parte inteira do número em juros compostos e a parte fracionária em juros simples.

Como esse regime não é utilizado no Brasil, precisamos configurar a HP 12C para o cálculo de juros compostos durante todo o período da operação, seja fracionário ou não.

- Ao digitar a sequência [STO] [EEX], aparecerá no visor da máquina a letra "C", indicador de juros compostos durante todo o período da operação.
- Ao repetir a sequência [STO] [EEX], a letra "C" desaparece do visor e a máquina retorna à configuração original.

Recomendamos deixar sempre o indicador "C" no visor da máquina.

A HP 12C também possui registradores destinados ao cálculo da taxa interna de retorno (TIR) e do valor presente líquido (VPL). No teclado da máquina, ambas as funções são apresentadas com a notação original em inglês: *internal rate of return* (IRR) e *net present value* (NPV).*

Funções de programação na HP 12C

A HP 12C possui um modo de programação, por meio do qual podemos gravar instruções na forma de uma sequência de teclas necessárias para resolver uma equação.

Para acessar o modo de programação utilizaremos as seguintes funções:

- [f] [P/R] => Para entrar e sair do modo de programação.
- [f] [CLEAR] [PRGM] => Somente com a máquina no modo de programação, esta função apaga todos os programas preexistentes.
- [R/S] => Função utilizada para executar um programa.

Atenção:

1. Não é possível efetuar cálculos com a máquina no modo de programação. Nesse modo, toda tecla digitada será gravada como uma instrução para o programa.

* Este tema será estudado no capítulo "Análise de investimentos", p. 115.

2. A função [f] [CLEAR] [PRGM] só funciona com a máquina no modo de programação.
3. É possível gravar mais de um programa na HP 12C. Para se aprofundar nesse tema, aconselhamos consultar o manual do proprietário.

Exemplo:

Como calcular um reajuste de 10% no preço de todas as mercadorias da loja

Utilizando a HP 12C, poderíamos fazer o seguinte:

Produto	Preço atual	Cálculos	Novo preço
A	100,00	100 [Enter] 10 [%] [+]	110,00
B	150,00	150 [Enter] 10 [%] [+]	165,00
C	50,00	50 [Enter] 10 [%] [+]	55,00
D	200,00	200 [Enter] 10 [%] [+]	220,00

Observe que a sequência ([Enter] 10 [%] [+]) foi repetida em todos cálculos.

Podemos, então, programar a HP 12C para executar essa sequência, facilitando o trabalho.

Mas esperem um pouco. E se o próximo reajuste for de 5%, ou se precisarmos reduzir os preços em 15%

Criaremos uma variável no registrador [i], onde será armazenado o percentual de acréscimo ou decréscimo.

A sequência de passos repetitivos a serem programados seria:

- [Enter] [RCL] [i] [%] [+]

Para gravar o programa, digite os passos descritos na tabela a seguir, coluna *Digitar*, e observe o comportamento da máquina na coluna *Visor*.

Digitar	Visor			
[f] [P/R]	00 -			PRGM
[f] [CLEAR] [PRGM]	00 -			PRGM
[Enter]	01 -		36	PRGM
[RCL] [i]	02 -	45	12	PRGM
[%]	03 -		25	PRGM
[+]	04 -		40	PRGM
[f] [P/R]	0,00			

Observações a respeito da coluna *Visor*:

- A sigla PRGM indica que a máquina está no modo de programação.
- A numeração (de 00 a 04) indica os passos do programa, que nesse exemplo são 4.
- O número 36 indica as coordenadas (a posição) da tecla [Enter] no teclado, que corresponde a terceira linha e sexta coluna.
- Os números 45 e 12 indicam, respectivamente, as coordenadas das teclas [RCL] e [i] no teclado.
- O número 25 indica as coordenadas da tecla [%] no teclado, o que corresponde a segunda linha e quinta coluna.
- O número 40 indica as coordenadas da tecla [+] no teclado, o que corresponde a quarta linha e décima coluna.

Ao digitarmos as teclas [f] [P/R], encerramos a gravação do programa e a HP 12C retorna ao modo de operações.

Agora, utilizaremos o programa para reajustar os preços das mercadorias:

Acréscimo de 10%:

10 [i]
100 [R/S] → 110,00
150 [R/S] → 165,00
50 [R/S] → 55,00
200 [R/S] → 220,00

Desconto de 15%:

15 [CHS] [i]
100 [R/S] → 85,00
150 [R/S] → 127,50
50 [R/S] → 42,50
200 [R/S] → 170,00

Porcentagem

Conceito básico

O cálculo da porcentagem é muito simples e consiste em estabelecer uma proporção entre as variáveis envolvidas como sendo partes de 100 (cem). O valor 100% (cem por cento) ou 1 (um) inteiro é atribuído ao valor total.

A porcentagem é representada pelo sinal gráfico "%", indicando que o número que o precede deve ser dividido por 100:

$$20\% = \frac{20}{100} = 0{,}20$$

$$100\% = \frac{100}{100} = 1{,}00$$

Exemplos:

1. Certa loja oferece televisores por R$ 1.500,00 e um desconto de 10% para pagamento à vista. Qual o valor do desconto

$$\begin{array}{ccc} 1.500{,}00 & \searrow\nearrow & 100\% \\ X & \nearrow\searrow & 10\% \end{array}$$

$$X \times 100 = 1.500 \times 10 \qquad X = \frac{1.500 \times 10}{100}$$

Na HP 12C:

1.500	[Enter]
10	[x]
100	[÷]

Resposta: 150,00.

Poderíamos, também, fazer: 1.500 [Enter] 10 [%].

2. Determine o faturamento de uma loja sabendo que um dos funcionários vendeu R$ 300.000,00, equivalentes a 30% do total.

300.000,00	30%
X	100%

$$X \times 30 = 300.000 \times 100 \qquad X = \frac{300.000 \times 100}{30}$$

Na HP 12C:

300.000	[Enter]
100	[x]
30	[÷]

Resposta: 1.000.000,00.

EXERCÍCIOS DE PORCENTAGEM

1. Uma conta de R$ 400,00 foi paga após o vencimento, com multa de 2%. Determine o valor do acréscimo e o total pago.

   Resposta: R$ 8,00 e R$ 408,00, respectivamente.

2. Um trabalhador, com salário de R$ 1.700,00, terá um reajuste de 7,20%. Determine o valor do reajuste e o novo salário.

   Resposta: R$ 122,40 e R$ 1.822,40, respectivamente.

3. Pelo pagamento antecipado de uma dívida de R$ 2.500,00, João recebeu um desconto de 2,5%. Determine o valor do desconto e o valor total pago.

   Resposta: R$ 62,50 e R$ 2.437,50, respectivamente.

4. Dos 500 candidatos inscritos para uma vaga de emprego, apenas 20 foram aprovados. Determine os percentuais de aprovados e de reprovados.

   Resposta: 4% aprovados e 96% reprovados.

5. Ao final do ano uma empresa apurou seu estoque de mercadorias, conforme descrito abaixo. Calcule a participação percentual de cada produto.

   a. R$ 10.000,00
   b. R$ 50.000,00
   c. R$ 100.000,00
   d. R$ 40.000,00

   Resposta: a. 5% b. 25% c. 50% d. 20%.

6. Uma empresa faturou R$ 80.000,00 em janeiro, R$ 100.000,00 em fevereiro e R$ 95.000,00 em março. Determine a variação percentual mensal e a do período (janeiro a março).

   Resposta: jan.-fev.: 25%; fev.-mar.: -5%; jan.-mar.: 18,75%.

7. No carnaval deste ano, foram registrados 1.170 acidentes, o que representa uma redução de 10% frente ao ano anterior. Quantos acidentes foram registrados no ano anterior?

   Resposta: 1.300.

8. O proprietário de um veículo de valor R$ 55.000,00 recebeu duas propostas de seguro: R$ 2.500,00 ou 4,5% do valor do bem. Qual a melhor alternativa?

   Resposta: 4,5%, que corresponde a R$ 2.475,00.

9. Um operário, com salário de R$ 2.000,00, gasta diariamente R$ 10,00 com transporte. Ao final de um mês (30 dias), qual percentual do salário é comprometido?

   Resposta: 15%.

10. No último ano, o faturamento de uma loja de veículos despencou 35% e estabilizou em R$ 600.000,00 mensais. Qual era o faturamento da loja antes da crise?

    Resposta: R$ 923.076,92.

Matemática financeira

Conceitos básicos

O objeto de estudo da matemática financeira é o valor do dinheiro no tempo.

Sempre que alguém postergar um pagamento, estará sujeito a um acréscimo referente aos juros remuneratórios sobre o capital. Da mesma forma, aquele que antecipar um pagamento fará jus a um desconto, um abatimento. O diagrama abaixo representa esse conceito:

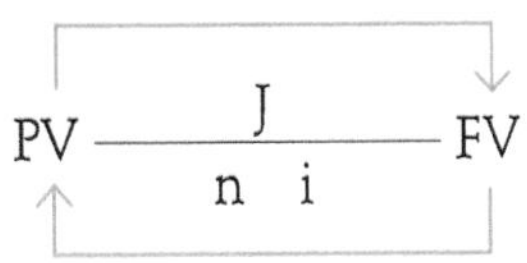

Podemos dizer que a maioria dos cálculos de juros envolve, no máximo, cinco variáveis, descritas a seguir:

1. (PV) – capital ou valor presente.
2. (J) – valor dos juros.
3. (i) – taxa de juros.
4. (n) – prazo.
5. (FV) – montante ou valor futuro.

O segredo está em uma boa leitura do texto, seja um contrato comercial, seja um simples exercício, procurando identificar:

1. Três das cinco variáveis possíveis (PV, FV, J, i , n).
2. O regime de capitalização (juros simples ou composto).
3. A convenção de calendário (ano comercial ou exato).
4. A periodicidade em que está expressa a taxa (diária, mensal, anual, etc.).
5. O prazo da operação, que deverá ser expresso na mesma periodicidade da taxa.

De posse dessas informações, aplica-se a fórmula adequada e efetuam-se os cálculos.

Atenção:

1. Nas fórmulas (resolução algébrica), a taxa (i) será expressa sempre na forma decimal, e não em percentual. Exemplo: 2,50% = 0,025.
2. O prazo da operação (n) deve ser expresso sempre na mesma grandeza da taxa. Ou seja:
    - Se a taxa é mensal, o prazo deve ser expresso em meses.
    - Se a taxa é trimestral, o prazo deve ser expresso em trimestres.
    - Se a taxa é anual, o prazo deve ser expresso em anos.

Exemplos:

- Taxa 2% ao mês, prazo 60 dias.
    - Raciocínio: 60 dias corresponde a quantos meses
    - (n) = (60/30) ou 2 meses.

- Taxa 4% a.t., prazo 60 dias.
    - Raciocínio: 60 dias corresponde a quantos trimestres
    - (n) = (60/90) ou 0,666666667 trimestres.

- Taxa 10% ao ano, prazo 60 dias.
    - Raciocínio: 60 dias corresponde a quantos anos
    - (n) = (60/360) ou 0,166666667 ano.

Ano comercial e ano exato

Quantos dias tem um ano?

Um ano é, nada mais nada menos, uma convenção de calendário a ser utilizada nos cálculos financeiros, tanto de juros simples quanto de juros compostos.

A questão é: quantos dias tem um ano

Segundo o calendário gregoriano, adotado pela maioria dos países, o ano civil possui 365 dias, exceção feita aos anos bissextos, em que o mês de fevereiro tem 29 dias e, consequentemente, o ano civil tem 366 dias.

Convencionou-se, então, que:

- Ano exato: 365 dias.
- Ano comercial: 360 dias.

Na prática, a convenção "ano comercial" é utilizada na maioria das operações comerciais, financeiras e até mesmo na contabilidade.

Exemplos:

1. Determine o valor dos juros a serem pagos em um empréstimo de R$ 10.000,00, prazo de 45 dias e taxa de 25% a.a. (juros simples).
   - Ano comercial:

- $J = PV \times i \times n$
- $J = 10.000 \times 0,25 \times \left(\frac{45}{360}\right)$ ← Serão cobrados 45 dos 360 dias do ano.
- $J = 312,50.$

Na HP 12C:

10.000 [Enter]
0,25 [x]
45 [x]
360 [÷]

Resposta: R$ 312,50.

- Ano exato:
  - $J = PV \times i \times n$
  - $J = 10.000 \times 0,25 \times \left(\frac{45}{365}\right)$ ← Serão cobrados 45 dos 365 dias do ano.
  - $J = 308,22.$

Na HP 12C:

10.000 [Enter]
0,25 [x]
45 [x]
365 [÷]

Resposta: R$ 308,22.

2. Determine o valor futuro de um empréstimo de R$ 10.000,00, prazo de 45 dias e taxa de 25% a.a. (juros compostos).
   - Ano comercial:
     - $FV = PV \times (1 + i)^n$
     - $FV = 10.000 \times (1 + 0,25)^{\left(\frac{45}{360}\right)}$ ← Serão cobrados 45 dos 360 dias do ano.
     - $FV = 10.282,86.$

Na HP 12C:

10.000 [Enter]
1 [Enter]
0,25 [+]
45 [Enter]
360 [÷] [y^x] [x]

Resposta: R$ 10.282,86.

- Ano exato:
  - $FV = PV \times (1 + i)^n$
  - $FV = 10.000 \times (1 + 0,25)^{\left(\frac{45}{365}\right)}$ ← Serão cobrados 45 dos 365 dias do ano.
  - FV= 10.278,93.

Na HP 12C:

10.000 [Enter]
1 [Enter]
0,25 [+]
45 [Enter]
365 [÷] [y^x] [x]

Resposta: R$ 10.278,93.

Regime de capitalização simples

É comum encontrarmos os termos "taxa nominal", "juros lineares" ou "juros proporcionais", relacionados ao regime de capitalização simples.

As principais características dos juros simples são:

- Não há capitalização dos juros.
- Os juros incidem sempre sobre o capital (valor inicial da dívida).
- Não há cobrança de juros sobre juros de períodos anteriores.
- Os juros são proporcionais ao prazo e à taxa.

Exemplo:

Aplicação de um capital de R$ 1.000,00, à taxa de 10% a.m., pelo prazo de 3 meses.

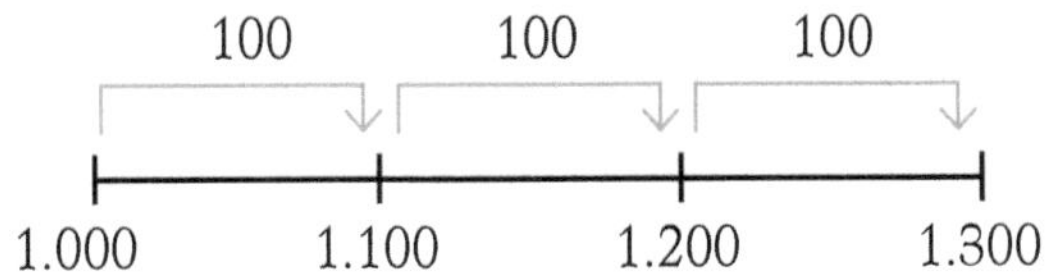

O diagrama acima representa perfeitamente a aplicação dos juros simples.

- Ao final de cada mês teremos R$ 100,00 de juros, correspondentes a 10% do capital, que é R$ 1.000,00.
- Ao final de três meses teremos 30% de juros, que, aplicados sobre o capital de R$ 1.000,00, resultará em R$ 300,00.

Fórmulas de cálculo das variáveis (juros, PV, taxa e prazo)

Calculando o valor dos juros

Fórmula nº 1

$$J = PV \times i \times n$$

Exemplo:

- PV = 1.500,00
- i = 1,5% a.m.
- n = 3 meses
- J =

$$J = 1.500 \times 0,015 \times 3$$

Na HP 12C:

1.500 [Enter]
0,015 [x]
3 [x]

Resposta: J = R$ 67,50.

Calculando o capital ou valor presente

Fórmula nº 2

$$PV = \frac{J}{(i \times n)}$$

Exemplo:

- J = 29,00
- i = 2% a.m.
- n = 60 dias
- PV =

$$PV = \frac{29}{(0,02 \times 2)}$$

Na HP 12C:

29 [Enter]
0,02 [Enter]
2 [x] [÷]

Resposta: PV = R$ 725,00.

Cálculo da taxa de juros

Fórmula nº 3

$$i = \frac{J}{(PV \times n)}$$

Exemplo:

- J = 151,00
- PV = 2.000,00
- n = 12 meses
- i =

$$i = \frac{151}{(2.000 \times 12)}$$

Na HP 12C:

151 [Enter]
2.000 [Enter]
12 [x] [÷]
100 [x] ← Transformando em porcentagem.

Resposta: i = 0,006291, ou 0,629% a.m.

Calculando o prazo

Fórmula nº 4

$$n = \frac{J}{(PV \times i)}$$

Exemplo:

- J = 55,00
- PV = 2.500,00
- i = 0,85% a.m.
- n =

$$n = \frac{55}{(2.500 \times 0,0085)}$$

Na HP 12C:

55 [Enter]
2.500 [Enter]
0,0085 [x] [÷]

Resposta: n = 2,59 meses.

Fórmulas do montante a juros simples

O montante ou valor futuro (FV) pode ser apurado somando-se os juros de um determinado período ao capital ou valor presente (PV).

Fórmula nº 5

FV = PV + J

Calculando o valor futuro

Sabendo que o valor dos juros é igual a (PV × i × n), podemos substituí-lo na fórmula nº 5:

- J = PV × i × n
- FV = PV + J
- FV = PV + PV × i × n

Colocando o (PV) em evidência, temos:

Fórmula nº 6

FV = PV × (1 + i × n)

Observação:

- O número 1 que aparece na fórmula representa o (PV) que foi colocado em evidência.

Exemplo:

- PV = 15.000,00
- i = 15% a.a.
- n = 120 dias
- FV =

$$FV = 15.000 \times \left(1 + 0,15 \times \frac{120}{360}\right)$$

Na HP 12C:

15.000 [Enter]
1 [Enter]
0,15 [Enter]
120 [x]
360 [÷] [+] [x]

Resposta: FV = 15.750,00.

Calculando o valor presente

Fórmula nº 7

$$PV = \frac{FV}{(1 + i \times n)}$$

Exemplo:

- FV = 100.000,00
- i = 18% a.a.
- n = 5 meses
- PV =

$$PV = \frac{100.000}{\left(1 + 0{,}18 \times \frac{5}{12}\right)}$$

Na HP 12C:

100.000 [Enter]
1 [Enter]
0,18 [Enter]
5 [x]
12 [÷] [+] [÷]

Resposta: PV = R$ 93.023,26.

Cálculo da taxa de juros

Fórmula nº 8

$$i = \left(\frac{\left(\frac{FV}{PV} - 1\right)}{n}\right)$$

Exemplo:

- FV = 102.000,00
- PV = 98.000,00
- 10 meses
- i =

$$i = \left(\frac{\left(\frac{102.000}{98.000} - 1\right)}{10}\right)$$

Na HP 12C:

102.000 [Enter]
98.000 [÷]
1 [–]
10 [÷]
100 [x] ← Transformando em porcentagem.

Resposta: i = 0,00408, ou 0,408% a.m.

Atenção:

- Sempre que dividirmos (FV) por (PV), o resultado será igual a um (1) mais a taxa de juros do período da operação:

$$\frac{FV}{PV} = (1 + i)$$

- Ao subtrairmos o (1), que representa o capital, temos a taxa de juros do período da operação:

$$(1 + i) - 1 = i$$

- Ao dividirmos a taxa de juros do período da operação por (n), temos a taxa de juros da operação na periodicidade do (n), dada em dias, meses, ano, etc.

Exemplo:

Um empréstimo de R$ 100,00 foi liquidado, ao final de 6 meses, pelo valor de R$ 109,00. Determine:

a. A taxa de juros do período da operação.
b. A taxa de juros mensal.
c. A taxa de juros diária.

$PV = 100,00$

$FV = 109,00$

$n = 6$ meses

Cálculo da taxa de juros do período da operação:

$$i = \frac{FV}{PV} - 1$$

$$i = \frac{109}{100} - 1$$

Na HP 12C:

109 [Enter]
100 [÷]
1 [-]
100 [x]

Resposta: i = 0,09, ou 9% a.s.

Cálculo da taxa de juros mensal:

$$i = \left(\frac{\left(\frac{FV}{PV} - 1\right)}{n}\right)$$

$$i = \left(\frac{\left(\frac{109}{100} - 1\right)}{6}\right)$$

Na HP 12C:

109 [Enter]
100 [÷]
1 [-]
6 [÷]
100 [x]

Resposta: i = 0,015, ou 1,5% a.m.

Cálculo da taxa de juros diária:

$$i = \left(\frac{\left(\frac{FV}{PV} - 1\right)}{n}\right)$$

$$i = \left(\frac{\left(\frac{109}{100} - 1\right)}{180}\right)$$

Na HP 12C:

109 [Enter]
100 [÷]
1 [-]
180 [÷]
100 [x]

Resposta: i = 0,0005, ou 0,05% a.d.

EXERCÍCIOS DE JUROS SIMPLES

1. Qual o valor dos juros a serem pagos por um empréstimo de R$ 1.200,00, prazo de 5 meses e taxa de 1,5% a.m.?

   Resposta: R$ 90,00.

2. Uma empresa tomou um empréstimo de R$ 20.000,00 pelo prazo de 180 dias e taxa de 2% a.t. Determine o valor dos juros.

   Resposta: R$ 800,00.

3. Determine o valor dos juros de uma operação de R$ 5.000,00, prazo de 15 dias e taxa de 35% a.a.

   Resposta: R$ 72,92.

4. Qual o valor dos juros no exercício anterior, se adotarmos a convenção "ano exato" (365 dias)?

   Resposta: R$ 71,92.

5. Qual o valor dos juros de uma operação de R$ 1.300,00, prazo de 2 anos e taxa de 0,01% a.d.?

   Resposta: R$ 93,60.

6. Certa empresa pagou R$ 12,50 de juros de mora, pelo atraso de 18 dias na liquidação de um título. Sabendo-se que a taxa é de 1,20% a.m., determine o valor do título.

   Resposta: R$ 1.736,11.

7. Determine o valor presente de um empréstimo, sabendo que a taxa é de 3,5% a.b., o prazo da operação 180 dias e os juros R$ 450,00.

   Resposta: R$ 4.285,71.

8. Que valor devo aplicar hoje para obter R$ 1.200,00 de juros ao final de 2 anos, sabendo que a taxa é de 0,95% a.m.?

   Resposta: R$ 5.263,16.

9. Uma aplicação de R$ 35.000,00, pelo prazo de 12 meses, rendeu R$ 2.100,00 de juros. Determine a taxa de juros mensal.

   Resposta: 0,50% a.m.

10. Um empréstimo foi liquidado, nesta data, pelo valor de R$ 42.500,00. Sabendo que R$ 1.500,00 correspondem aos juros e que o prazo foi de 80 dias, determine as taxas de juros diária e mensal.

    Resposta: 0,0457317% a.d.; 1,37195% a.m.

11. Determine a taxa anual de um empréstimo de R$ 15.000,00, que foi liquidado pelo valor de R$ 15.699,83, no prazo de 85 dias.

    Resposta: 19,76% a.a.

12. Determine o valor de resgate de uma aplicação de R$ 20.000,00 pelo prazo de 185 dias, à taxa de 0,67% a.m.

    Resposta: R$ 20.826,33.

13. Determine o montante de uma aplicação de R$ 50.000,00 pelo prazo de 2 anos, à taxa de 1,5% a.t.

    Resposta: R$ 56.000,00.

14. Quanto devo aplicar hoje, a uma taxa de 0,62% a.m., para resgatar R$ 50.000,00 ao final de 300 dias?

    Resposta: R$ 47.080,98.

15. Certa empresa aplicou R$ 100.000,00 pelo prazo de 200 dias, à taxa de 16% a.a. Calcule o valor dos juros e o valor de resgate.

    Resposta: juros = R$ 8.888,89; montante = R$ 108.888,89.

16. Qual a melhor alternativa para quem deseja aplicar R$ 300.000,00 pelo prazo de 30 dias?

    a. Juro exato, taxa de 15% a.a.

    b. Juro comercial, taxa de 14,85% a.a.

    Resposta: Alternativa "b", juro comercial.

17. Um título de R$ 50.000,00 foi emitido em 20/01/2017, com vencimento previsto para o dia 04/04/2017. Sabendo que a taxa de juros é de 1,85% a.t., determine o valor dos juros e o valor de resgate.

    Resposta: J = R$ 760,56; FV = R$ 50.760,56.

18. Um empréstimo de R$ 5.000,00 foi liquidado por R$ 5.700,00. Determine o prazo da operação, sabendo que a taxa de juros é de 3% am.

    Resposta: 4,666667 meses ou 140 dias.

19. Em quanto tempo um investimento de R$ 1.500,00 produzirá juros de R$ 40,00, se aplicado a taxa de 10% a.a.?

    Resposta: 0,266667 anos, ou 96 dias.

20. Uma aplicação de R$ 8.000,00 foi resgatada por R$ 8.350,00 ao final de 185 dias. Determine as taxas de juros anual e mensal.

    Resposta: i = 0,709459% a.m.; i = 8,5135% a.a.

Operações de descontos

As operações de desconto de recebíveis são muito utilizadas pelas empresas como uma maneira de obter capital de giro. Duplicatas, recebíveis de cartão de crédito e até mesmo cheques pré-datados são os recebíveis mais utilizados nessas operações.

No Brasil, a metodologia utilizada é o desconto comercial simples ou bancário, também conhecida como "desconto por fora".

Neste capítulo estudaremos também o desconto racional, que tem uso muito restrito no mercado brasileiro.

Desconto bancário

Conhecido também como desconto comercial simples ou "por fora".

Em todos os cálculos de desconto encontraremos até cinco variáveis, descritas a seguir:

1. Desconto bancário (DB): valor dos juros simples, cobrados antecipadamente sobre o valor nominal do título.
2. Valor nominal (VN): valor expresso no título e representa quanto ele vale na data de vencimento.
3. Valor atual (VA): valor líquido na data da operação (valor nominal menos o desconto).
4. Taxa de desconto (i_d): taxa de juros.

5. Prazo (n): período a decorrer da data da operação até o vencimento do título.

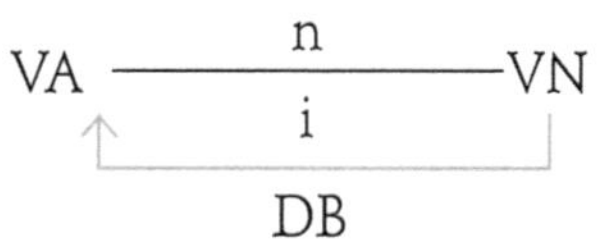

Atenção:

Reforçando os conceitos básicos da matemática financeira, é preciso observar os seguintes pontos:

- Nas fórmulas (resolução algébrica), a taxa (i) será expressa sempre na forma decimal, e não em percentual. Exemplo: 2,50% = 0,025.
- O prazo da operação (n) deve ser expresso sempre na mesma grandeza da taxa. Ou seja:
  - Se a taxa é mensal, o prazo deve ser expresso em meses.
  - Se a taxa é anual, o prazo deve ser expresso em anos.

Fórmulas do desconto bancário

Calculando o desconto

Fórmula nº 9

$$DB = VN \times i_d \times n$$

Exemplo:

- VN = 10.000,00
- i_d = 1,20% a.m.
- n = 45 dias
- DB =

$$DB = 10.000 \times 0,012 \times \frac{45}{30}$$

Na HP 12C:

10.000 [Enter]
0,012 [x]
45 [x]
30 [÷]

Resposta: R$ 180,00.

Calculando o valor nominal

Fórmula nº 10

$$VN = \frac{DB}{i_d \times n}$$

Exemplo:

- $DB = 145{,}00$
- $i_d = 0{,}98\%$ a.m.
- $n = 85$ dias
- $VN =$

$$VN = \frac{145}{0{,}0098 \times \frac{85}{30}}$$

Na HP 12C:

145 [Enter]
0,0098 [Enter]
85 [x]
30 [÷] [÷]

Resposta: R$ 5.222,09.

Cálculo da taxa de desconto

Fórmula nº 11

$$i_d = \frac{DB}{VN \times n}$$

Exemplo:

- DB = 135,00
- VN = 5.000,00
- n = 155 dias
- i_d = taxa mensal

$$i_d = \frac{135}{5.000 \times \frac{155}{30}}$$

Na HP 12C:

135 [Enter]
5.000 [Enter]
155 [x]
30 [÷] [÷]
100 [x] ← Transformando em porcentagem.

Resposta: i_d = 0,00523, ou 0,523% a.m.

Calculando o prazo

Esta é uma variável geralmente conhecida, mas, algebricamente, é representada pela fórmula:

Fórmula nº 12

$$n = \frac{DB}{VN \times i_d}$$

Exemplo:

- DB = 135,00
- VN = 2.400,00

- $i_d = 1\%$ a.m.
- n =

$$n = \frac{135}{2.400 \times 0,01}$$

Na HP 12C:

135 [Enter]
2.400 [Enter]
0,01 [x] [÷]

Resposta: 5,62 meses ou 168 dias.

Calculando o valor atual

Fórmula nº 13

$$VA = VN - DB$$

Sabendo que o valor de desconto bancário (DB) é igual a $(VN \times i_d \times n)$, podemos substituí-lo na fórmula nº 13, como exemplificado a seguir:

- $DB = VN \times i_d \times n$
- $VA = VN - DB$
- $VA = VN - VN \times i_d \times n$

Colocando o (VN) em evidência, temos:

Fórmula nº 14

$$VA = VN \times (1 - i_d \times n)$$

Observação:

- O número 1 que aparece na fórmula representa o (VN) que foi colocado em evidência.

Exemplos:

1.

- VN = 10.000,00
- DB = 180,00
- VA =

Na HP 12C:

10.000 [Enter]
180 [–]

Resposta: R$ 9.820,00.

2.

- VN = 10.000,00
- i_d = 1,20% a.m.
- n = 45 dias
- VA =

$$VA = 10.000 \times \left(1 - 0{,}012 \times \frac{45}{30}\right)$$

Na HP 12C:

10.000 [Enter]
1 [Enter]
0,012 [Enter]
45 [x]
30 [÷] [–] [x]

Resposta: VA = R$ 9.820,00.

Calculando o valor nominal

Fórmula nº 15

$$VN = \frac{VA}{(1 - i_d \times n)}$$

Exemplo:

- VA = 10.500,00
- i_d = 0,90% a.m.
- n = 60 dias
- VN =

$$VN = \frac{10.500}{\left(1 - 0{,}009 \times \frac{60}{30}\right)}$$

Na HP 12C:

10.500 [Enter]
1 [Enter]
0,009 [Enter]
60 [x]
30 [÷] [–] [÷]

Resposta: R$ 10.692,46.

Média ponderada

Medida muito utilizada em finanças. Sua metodologia de cálculo leva em consideração o peso relativo de cada valor cuja média se pretende calcular.

Cálculo da média ponderada

Fórmula nº 16

$$\text{Média}_{\text{Pond}} = \frac{\sum (\text{Valor} \times \text{Peso})}{\sum (\text{Peso})}$$

Exemplo:

Qual o prazo médio de uma carteira de títulos

Título	Valor	Prazo
1	10.000,00	30
2	20.000,00	60
2	50.000,00	90
Total	80.000,00	–

Cálculo do prazo médio ponderado:

$$\text{PzMed}_{\text{Pond}} = \frac{(30 \times 10.000 + 60 \times 20.000 + 90 \times 50.000)}{(10.000 + 20.000 + 50.000)}$$

Na HP 12C:

30 [Enter]
10.000 [x]
60 [Enter]
20.000 [x] [+]
90 [Enter]
50.000 [x] [+]
10.000 [Enter]
20.000 [+]
50.000 [+] [÷]

Resposta: 75 dias.

A calculadora HP 12C possui uma função estatística para cálculo do prazo médio ponderado, como segue:

[f] [REG]
30 [Enter]
10.000 [Σ+]
60 [Enter]
20.000 [Σ+]
90 [Enter]
50.000 [Σ+]
[g] [xw]

Resposta: 75 dias.

Atenção:

A média aritmética **não** é uma boa medida para análise de carteiras, pois sua metodologia de cálculo não considera o peso relativo de cada valor. No exemplo acima, a média aritmética seria igual a 60 dias (30 + 60 + 90)/3.

Desconto de um conjunto de títulos

Em geral, as operações de desconto bancário envolvem um conjunto de títulos com diversos valores e prazos, o que pode levar a diversas taxas, de acordo com os prazos.

No entanto, se a instituição financeira oferecer uma taxa única para todos os títulos, podemos calcular o desconto utilizando o valor total do borderô e o prazo médio ponderado, como se tivéssemos apenas um título.

Exemplo:

Calcular o desconto bancário do borderô a seguir, sabendo que o prazo médio ponderado é 75 dias e a taxa de desconto 1% a.m.

Título	Valor	Prazo
1	10.000,00	30
2	20.000,00	60
2	50.000,00	90
Total	80.000,00	–

Sabendo que a fórmula do desconto é $DB = VN \times i_d \times n$, temos:

$$DB = 80.000 \times 0{,}01 \times \frac{75}{30}$$

Na HP 12C:

80.000 [Enter]
0,01 [x]
75 [x]
30 [÷]

Resposta: R$ 2.000,00.

Calculando título a título, teríamos:

$$DB = 10.000 \times 0{,}01 \times 1$$

$$DB = 20.000 \times 0{,}01 \times \frac{60}{30}$$

$$DB = 50.000 \times 0{,}01 \times \frac{90}{30}$$

Na HP 12C:

10.000 [Enter] 0,01 [x] → R$ 100,00
20.000 [Enter] 0,01 [x] 60 [x] 30 [÷] → R$ 400,00
50.000 [Enter] 0,01 [x] 90 [x] 30 [÷] → R$ 1.500,00
100 [Enter] 400 [+] 1.500 [+]

Resposta: R$ 2.000,00.

Desconto racional

Conhecido também como desconto por dentro, o desconto racional (DR) é obtido subtraindo-se o valor atual (VA) do valor nominal do título (VN).

Calculando o desconto racional

Fórmula nº 17

$$DR = VN - VA$$

Calculando o valor atual

Fórmula nº 18

$$VA = \frac{VN}{(1 + i \times n)}$$

Exemplo:

- VN = 20.000,00
- i = 1,10% a.m.
- n = 35 dias
- VA =
- DR =

$$VA = \frac{20.000}{\left(1 + 0{,}011 \times \frac{35}{30}\right)}$$

Na HP 12C:

20.000 [Enter]
1 [Enter]
0,011 [Enter]
35 [x]
30 [÷] [+] [÷]

Resposta: VA = R$ 19.746,59.

20.000 [Enter]
19.746,59 [–]

Resposta: DR = R$ 253,41.

Atenção:

O cálculo do valor atual (fórmula nº 18) é idêntico ao do valor presente em juros simples (fórmula nº 7), trocando-se apenas a nomenclatura.

- Valor atual (VA) e valor presente (PV) são iguais, ambos representam o dinheiro na data zero (presente).
- Valor nominal (VN) e valor futuro (FV) são iguais, ambos representam o dinheiro na data do vencimento (futuro).

Assim:

$$VA = \frac{VN}{(1 + i \times n)}$$

$$PV = \frac{FV}{(1 + i \times n)}$$

EXERCÍCIOS DE DESCONTO

1. Um título de R$ 6.000,00 foi descontado 55 dias antes do seu vencimento, à taxa de 1,50% a.m. Calcule o valor do desconto bancário.

   Resposta: R$ 165,00.

2. Calcule o desconto bancário de um título de R$ 15.000,00, pelo prazo de 23 dias e taxa de 1,20% a.m.

   Resposta: R$ 138,00.

3. Uma empresa efetuou o desconto bancário de um título de R$ 50.000,00, prazo de 80 dias e taxa de 1,10% a.m. Qual o valor líquido creditado em sua conta-corrente?

   Resposta: R$ 48.533,33.

4. Um título de R$ 30.000,00 e prazo a decorrer de 40 dias foi descontado a uma taxa de 2% a.m. Determine o valor do desconto bancário e o valor líquido creditado.

   Resposta: Desconto = R$ 800,00; valor líquido = R$ 29.200,00.

5. Um título de R$ 50.000,00, prazo a decorrer de 105 dias, foi descontado a uma taxa de 18% a.a. Calcule o valor líquido e o desconto bancário.

   Resposta: Desconto = R$ 2.625,00; valor líquido = R$ 47.375,00.

6. Certa empresa recebeu um crédito de R$ 52.000,00, fruto do desconto bancário de um título. Sabendo que a taxa da operação foi de 1,35% a.m. e o prazo de 80 dias, qual o valor nominal do título?

   Resposta: R$ 53.941,91.

7. Um título de R$ 40.000,00 sofreu um desconto bancário de R$ 1.700,00. Sabendo que o prazo da operação é de 75 dias, calcule a taxa mensal de desconto da operação.

   Resposta: 0,017, ou 1,70% a.m.

8. Pelo desconto bancário de um título de R$ 100.000,00, prazo de 160 dias, uma empresa recebeu o valor líquido de R$ 97.013,33. Determine a taxa de desconto mensal da operação.

   Resposta: 0,0056, ou 0,56% a.m.

9. Certa empresa apresentou três títulos para desconto bancário (R$ 5.000,00, prazo de 45 dias; R$ 15.000,00, prazo de 60 dias; e R$ 2.000,00, prazo de 80 dias). Sabendo que a taxa de desconto é 1,80% a.m., calcule o prazo médio (PzMed) do borderô e o valor do desconto (DB).

   Resposta: PzMed = 58,41 dias; DB = R$ 771,00.

10. Calcule o desconto racional (DR) de um título de R$ 33.000,00, prazo de 105 dias e taxa de 2,20% a.m.

    Resposta: DR = R$ 2.359,33 [VA = R$ 30.640,67].

11. Um título de R$ 7.000,00, prazo a decorrer de 8 dias, foi descontado a uma taxa de 2,5% a.m. Calcule o valor líquido da operação.

    Resposta: R$ 6.953,33.

12. Por um título de R$ 95.000,00, descontado 25 dias antes do vencimento, a empresa recebeu líquido o valor de R$ 93.950,00. Qual a taxa de desconto bancário mensal?

    Resposta: 0,01326, ou 1,33% a.m.

13. Calcule o desconto racional (DR) de um título de R$ 25.000,00, prazo 45 dias e taxa de 1,35% am.

    Resposta: VA = R$ 24.503,80 DR = R$ 496,20.

14. Um borderô de R$ 150.000,00, contendo três títulos (R$ 70.000,00, prazo de 10 dias; R$ 50.000,00, prazo de 45 dias; e R$ 30.000,00, prazo de 60 dias), foi descontado a uma taxa de 1,50% a.m. Calcule o prazo médio ponderado, o desconto bancário e o valor atual da operação.

    Resposta: PzMed = 31,66667 dias; DB = R$ 2.375,00.
    VA = R$ 147.625,00.

15. Por uma operação de desconto bancário, prazo de 40 dias e taxa de 2,30% a.m., uma empresa recebeu líquido R$ 100.000,00. Determine o valor nominal do título.

    Resposta: R$ 103.163,69.

Regime de capitalização composta

É comum encontrarmos os termos "taxa efetiva" ou "exponencial" relacionados ao regime de capitalização composta.

As principais características dos juros compostos são:

- Capitalização dos juros: ao final de cada período os juros são incorporados ao capital.
- Cobrança de juros sobre juros: os juros são calculados sobre o principal, acrescido dos juros dos períodos anteriores.
- Os juros crescem em escala exponencial.

Exemplo:

Aplicação de um capital de R$ 1.000,00, à taxa de 10% a.m., pelo prazo de 3 meses.

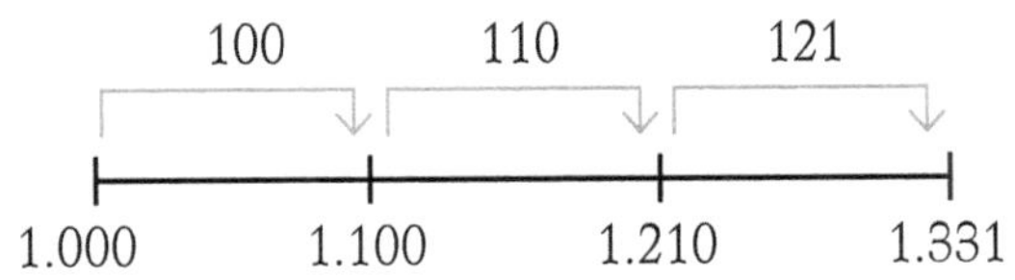

O diagrama acima representa a aplicação dos juros compostos:

- Ao final do primeiro mês teremos R$ 100,00 de juros, correspondentes a 10% do capital (R$ 1.000,00).

- Ao final do segundo mês teremos R$ 110,00 de juros, correspondentes a 10% de R$ 1.100,00 (principal + juros do primeiro mês).
- Ao final do terceiro mês teremos R$ 121,00 de juros, correspondentes a 10% de R$ 1.210,00 (principal + juros acumulados nos períodos anteriores).

Vejamos uma comparação entre juros simples e compostos.

Diagrama dos juros simples:

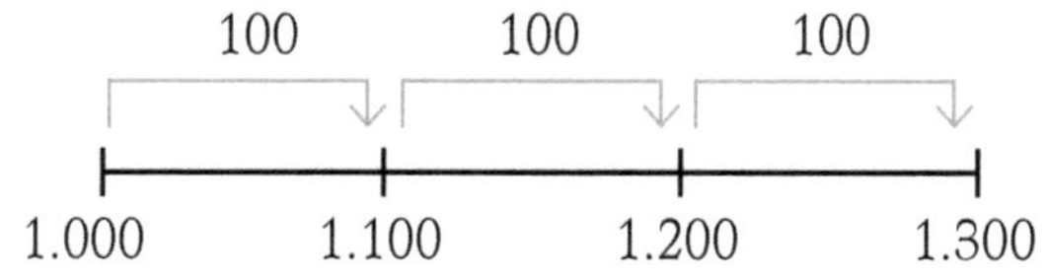

Diagrama dos juros compostos:

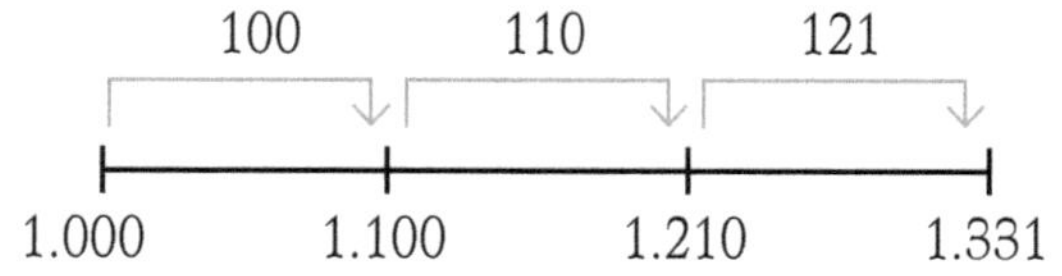

Podemos observar que:

1. Ao final do primeiro período, juros simples e compostos se equivalem, ambos produzindo o mesmo resultado: R$ 100,00 de juros.
2. Após o primeiro período, o modelo de juros compostos produz juros maiores e crescentes, fruto da capitalização dos juros (juros sobre juros).

Fórmulas dos juros compostos

Calculando o valor futuro

Fórmula nº 19

$$FV = PV (1 + i)^n$$

Exemplo:

- PV = R$ 10.000,00
- i = 5% a.m.
- n = 10 meses

- $FV =$

$$FV = 10.000\,(1 + 0{,}05)^{10}$$

Na HP 12C:

10.000 [Enter]
1 [Enter]
0,05 [+]
10 [y^x] [x]

Resposta: R$ 16.288,95.

Função financeira da HP 12C:

[f] [CLEAR] [FIN]
10.000 [PV]
5 [i] ← Taxa expressa em porcentagem.
10 [n]
[FV]

Resposta: R$ –16.288,95. ← Fluxo de caixa. Se PV é positivo, FV será negativo.

Calculando o valor presente

Fórmula nº 20

$$PV = \frac{FV}{(1 + i)^n}$$

Exemplo:

- $FV = 28.000{,}00$
- $i = 1{,}50\%$ a.m.
- $n = 105$ dias
- $PV =$

$$PV = \frac{28.000}{(1 + 0{,}015)^{\left(\frac{105}{30}\right)}}$$

Na HP 12C:

28.000 [Enter]
1 [Enter]
0,015 [+]
105 [Enter]
30 [÷] [y^x] [÷]

Resposta: R$ 26.578,28.

Função financeira da HP 12C:

[f] [CLEAR] [FIN]
28.000 [CHS] [FV]
1,5 [i]
105 [Enter] 30 [÷] [n] ← Prazo fracionário. Verifique se no visor da máquina aparece o indicador "C".
[PV]

Resposta: R$ 26.578,28.

Calculando a taxa de juros

Fórmula nº 21

$$i = \left[\left(\frac{FV}{PV}\right)^{\left(\frac{1}{n}\right)} - 1\right]$$

Exemplo:

- PV = 1.500,00
- FV = 1.600,00
- n = 5 meses
- i =

$$i = \left[\left(\frac{1.600}{1.500}\right)^{\left(\frac{1}{5}\right)} - 1\right]$$

Na HP 12C:

1.600 [Enter]
1.500 [÷]
1 [Enter] 5 [÷] [y^x]
1 [–]
100 [x] ← Transformando em porcentagem.

Resposta: 0,0130 ou 1,30% a.m. ← Taxa mensal, porque o prazo está expresso em meses.

Função financeira da HP 12C:

[f] [CLEAR] [FIN]
1.600 [CHS] [FV]
1.500 [PV]
5 [n]
[i]

Resposta: 1,30% a.m.

Calculando o prazo

Fórmula nº 22

$$n = \frac{LN\left(\frac{FV}{PV}\right)}{LN\,(1 + i)}$$

Exemplo:

- PV = 5.000,00
- FV = 5.100,00
- i = 0,75% a.m.
- n =

$$n = \frac{LN\left(\frac{5.100}{5.000}\right)}{LN\,(1 + 0{,}0075)}$$

Na HP 12C:

5.100 [Enter]
5.000 [÷]
[g] [LN] ← Aplicando logaritmo ao termo.
1 [Enter]
0,0075 [+]
[g] [LN] [÷]

Resposta: 2,65 meses. ← Prazo em meses, porque a taxa é mensal.

Função financeira da HP 12C:

[f] [CLEAR] [FIN]
5.000 [CHS] [PV]
5.100 [FV]
0,75 [i]
[n]

Resposta: 3 meses. ← No cálculo do (n), a HP 12C arredonda o resultado.

EXERCÍCIOS DE JUROS COMPOSTOS

1. Determine o valor futuro de um investimento de R$ 16.000,00, pelo prazo de 2 meses, à taxa de 0,65% a.m.

   Resposta: R$ 16.208,68.

2. Certa empresa tomou R$ 99.000,00 emprestados pelo prazo de 70 dias, à taxa de 3,24% a.m. Determine o valor a ser pago na data do vencimento.

   Resposta: R$ 106.646,64.

3. Qual o valor de resgate de uma aplicação de R$ 180.000,00 pelo prazo de 181 dias, à taxa de 13% a.a.?

   Resposta: R$ 191.407,60.

4. Determine o valor futuro de uma aplicação de R$ 95.000,00 pelo prazo de 1 ano, à taxa de 6% a.s.

   Resposta: R$ 106.742,00.

5. Qual o valor presente de uma dívida de R$ 45.000,00 a ser paga 95 dias antes do vencimento, à taxa de 3,25% a.m.?

   Resposta: R$ 40.665,61.

6. Quanto devo aplicar nesta data, para que ao final de 721 dias possa resgatar R$ 250.000,00, sabendo que a taxa é de 9,50% a.a.?

   Resposta: R$ 208.450,19.

7. Um empréstimo de R$ 97.000,00 foi resgatado por R$ 100.500,00 ao final de 75 dias. Determine a taxa de juros mensais desta operação.

   Resposta: 1,43% a.m.

8. Um investimento de R$ 25.000,00, pelo prazo de 181 dias, rendeu R$ 700,00 de juros. Qual a taxa de juros anual desta operação?

   Resposta: 5,65% a.a.

9. Por um empréstimo de R$ 35.000,00, prazo de 90 dias, foram pagos R$ 750,00 de juros. Determine a taxa de juros do período da operação e a taxa de juros anual.

   Resposta: 2,14% (período de 90 dias); 8,85% a.a.

10. Um empréstimo de R$ 65.000,00 foi liquidado por R$ 69.278.36. Determine o prazo da operação, sabendo que a taxa foi de 0,80% a.m.

    Resposta: 8 meses.

11. Em quanto tempo uma aplicação de R$ 12.000,00 produzirá juros de R$ 1.000,00, sabendo que a taxa é de 0,02% a.d.?

    Resposta: 401 dias.

12. Qual a melhor alternativa para se investir R$ 800.000,00 pelo prazo de 1 ano?

    a. Juros simples à taxa de 0,94% a.m.

    b. Juros compostos à taxa de 0,90% a.m.

    Resposta: alternativa "b", juros compostos.

13. Certa loja oferece um veículo por R$ 40.000,00 à vista, ou uma entrada de R$ 5.000,00 mais R$ 37.500,00, após 6 meses. Qual a melhor alternativa para um comprador que possui o dinheiro aplicado a uma taxa de 9% a.a.: comprar à vista ou a prazo?

    Resposta: comprar à vista por R$ 40.000,00.

14. Qual o valor necessário para liquidar um empréstimo de R$ 110.000,00, pelo prazo de 210 dias, à taxa de 3,5% a.a., pela convenção de ano exato (365 dias)?

    Resposta: R$ 112.198,88.

15. Um investimento de R$ 200.000,00, pelo prazo de 2 anos, produziu juros de R$ 35.000,00. Determine as taxas de juros mensal e anual da operação.

    Resposta: 8,40% a.a.; 0,67% a.m.

16. Quanto devo aplicar hoje para resgatar R$ 57.000,00 após 250 dias, sabendo que a taxa é de 2,50% a.t.?

    Resposta: R$ 53.221,41.

17. Uma operação com prazo de 180 dias e taxa de juros compostos de 3% a.m. foi liquidada com 10 dias de atraso pelo valor de R$ 18.120,00. Sabendo que foram cobrados 10 dias de mora a uma taxa de juros simples de 0,05% a.d., qual o valor do empréstimo?

    Resposta: R$ 15.099,72.

18. Certa empresa contratou um empréstimo de R$ 21.000,00 pelo prazo de 90 dias e taxa de 3% a.m. Porém, na data da liberação, foi surpreendida com a cobrança de uma tarifa de R$ 200,00. Qual a taxa efetiva mensal da operação, considerando a tarifa?

    Resposta: 3,33% a.m.

19. Na compra de um livro o cliente poderia pagar R$ 70,00 com 30 dias de prazo ou à vista, com desconto de R$ 1,00. Qual a melhor alternativa, considerando que nesse período a caderneta de poupança renderá à taxa de 0,62% a.m.

    Resposta: pagar à vista.

20. No exercício 19, caso o cliente pague à vista, qual a taxa efetiva mensal proporcionada pelo desconto de R$ 1,00?

    Resposta: 0,0145 ou 1,45% a.m.

Taxas equivalentes a juros compostos

Duas ou mais taxas são consideradas equivalentes quando, aplicadas a um capital pelo mesmo período de tempo, produzem o mesmo resultado.

Exemplo:

Qual a melhor taxa de juros para um investidor que pretende aplicar R$ 10.000,00 pelo prazo de 1 ano

a. Taxa de 0,5% a.m.
b. Taxa de 1,50751% a.t.
c. Taxa de 6,1678% a.a.

Cálculo da alternativa (a).

Função financeira da HP 12C:

[f] [CLEAR] [FIN]
10.000 [CHS] [PV]
0,5 [i]
12 [n]
[FV]

Resposta: FV = R$ 10.616,78.

Cálculo da alternativa (b).

Função financeira da HP 12C:

[f] [CLEAR] [FIN]
10.000 [CHS] [PV]
1,50751 [i]
12 [Enter] 3 [÷] [n]
[FV]

Resposta: FV = R$ 10.616,78.

Cálculo da alternativa (c).

Função financeira da HP 12C:

[f] [CLEAR] [FIN]
10.000 [CHS] [PV]
6,1678 [i]
1 [n]
[FV]

Resposta: FV = R$ 10.616,78.

Conclusão:

As três taxas produziram o mesmo resultado a juros compostos. Podemos dizer, então, que elas são equivalentes.

Fórmula da taxa equivalente a juros compostos

Fórmula nº 23

$$i_{(eq)} = \left((1 + i_{(T)})^{\left(\frac{Q}{T}\right)} - 1\right) \times 100$$

Em que:

$i_{(eq)}$ = Taxa equivalente.

$i_{(T)}$ = Taxa conhecida.

Q = Prazo desejado.

T = Prazo conhecido.

Exemplos:

1. Qual a taxa anual equivalente a 0,5% a.m.

$$i_{(eq)} = \left((1 + 0{,}005)^{\left(\frac{12}{1}\right)} - 1\right) \times 100$$

Na HP 12C:

1 [Enter]
0,005 [+]
12 [y^x]
1 [–]
100 [x]

Resposta: 6,1678% a.a.

2. Qual a taxa trimestral equivalente a 6,1678% a.a.

$$i_{(eq)} = \left((1 + 0{,}061678)^{\left(\frac{3}{12}\right)} - 1\right) \times 100$$

Na HP 12C:

1 [Enter]
0,061678 [+]
3 [Enter]
12 [÷] [y^x]
1 [–]
100 [x]

Resposta: 1,50751% a.t.

EXERCÍCIOS DE TAXAS EQUIVALENTES A JUROS COMPOSTOS

1. Qual a taxa diária equivalente a 13% a.a.?

   Resposta: 0,03396% ao dia.

2. Qual a taxa anual equivalente a 6% a.s.?

   Resposta: 12,36% a.a.

3. Qual a taxa (ano exato) equivalente a 35% a.a. (comercial)?

   Resposta: 35,56% a.a. (exato).

4. Qual a taxa, para o período de 70 dias, equivalente a 10% a.b.?

   Resposta: 11,76% no período de 70 dias.

5. Qual a taxa mensal equivalente a 2% a.t.?

   Resposta: 0,66% a.m.

Acumulação de taxas diferentes a juros compostos

No regime de juros compostos, não podemos simplesmente somar ou subtrair taxas, mas, sim, capitalizar ou descapitalizar.

Cálculo da taxa acumulada em um período

Fórmula nº 24

$$i_{período} = \{(1 + i_1) \times (1 + i_2) \times (1 + i_n) - 1\} \times 100$$

Em que:

$i_{(período)}$ = Taxa acumulada no período "n".

i_1 = Taxa do primeiro período.

i_n = Taxa do período "n".

Exemplos:

1. Calcular a inflação acumulada no primeiro trimestre de 2016, conhecendo o IPCA do período (jan. = 1,27%; fev. = 0,90%; mar. = 0,43%).

   $i_{período} = \{(1 + 0{,}0127) \times (1 + 0{,}009) \times (1 + 0{,}0043) - 1\} \times 100$

Na HP 12C:

1 [Enter]
0,0127 [+]
1 [Enter]
0,009 [+] [x]
1 [Enter]
0,0043 [+] [x]
1 [-]
100 [x]

Resposta: 2,62% no período.

2. Sabendo que a inflação no trimestre foi de 2,62% e, no mês de março, foi de 0,43%, qual o acumulado de janeiro e fevereiro

$$i = \left\{\frac{(1+0{,}0262)}{(1+0{,}0043)} - 1\right\} \times 100$$

Na HP 12C:

1 [Enter]
0,0262 [+]
1 [Enter]
0,0043 [+] [÷]
1 [-]
100 [x]

Resposta: 2,18% no período.

Taxa real de juros

Podemos dizer que a inflação é a alta generalizada de preços que provoca a perda de poder aquisitivo da moeda ao longo do tempo.

A taxa real de juros expurga esse efeito inflacionário da taxa de remuneração dos investimentos.

Cálculo da taxa real de juros

Fórmula nº 25

$$i_{real} = \left(\frac{(1 + i)}{(1 + i_{inf})} - 1 \right) \times 100$$

Em que:

i_{real} = Taxa real de juros, no período.

i = Taxa do investimento, no período.

i_{inf} = Taxa de inflação, no período.

Atenção:

A taxa real de juros pode assumir valor negativo, indicando que o retorno do investimento foi menor do que a inflação do período.

Exemplos:

1. No ano de 2016 a caderneta de poupança rendeu 8,30%. Sabendo que no mesmo período a inflação foi de 6,28%, calcule a taxa real de juros.

$$i_{real} = \left(\frac{(1 + 0{,}083)}{(1 + 0{,}0628)} - 1\right) \times 100$$

Na HP 12C:

1 [Enter]
0,083 [+]
1 [Enter]
0,0628 [+] [÷]
1 [–]
100 [x]

Resposta: 1,90% no período.

2. Os trabalhadores de uma empresa receberam um reajuste salarial de 10%. Determine a taxa real de juros, sabendo que, no ano-base do reajuste, a inflação acumulada foi de 11%.

$$i_{real} = \left(\frac{(1 + 0{,}1)}{(1 + 0{,}11)} - 1\right) \times 100$$

Na HP 12C:

1 [Enter]
0,1 [+]
1 [Enter]
0,11 [+] [÷]
1 [–]
100 [x]

Resposta: –0,90% no período.

Taxa over

Conceitos básicos

A taxa over é a taxa efetiva para um dia útil. Os conceitos e fórmulas de juros compostos estudados anteriormente são aplicáveis às operações envolvendo taxa over, inclusive as funções financeiras da HP 12C.

A única diferença está no tratamento dado ao prazo das operações.

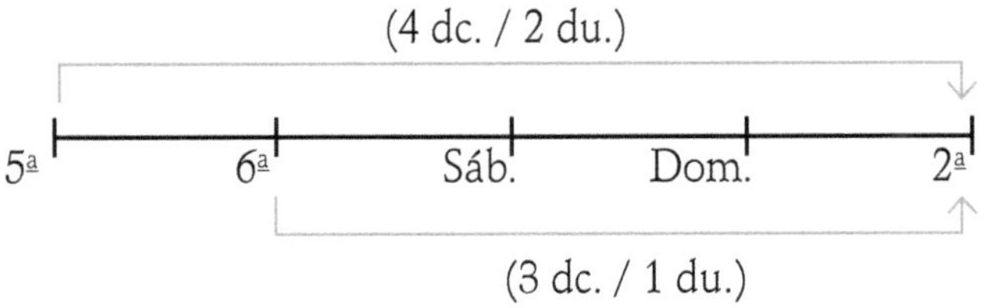

Convencionou-se que o ano possui 252 dias úteis (ano civil de 365 dias menos sábados, domingos e feriados nacionais) e o prazo das operações é contado em dias úteis. Atualmente o mercado financeiro opera com a taxa over expressa em ano. Para obtermos a taxa efetiva de um dia útil, basta utilizarmos o conceito de taxas equivalentes (ver p. 69).

Cálculo da taxa over efetiva para 1 dia útil

Fórmula nº 26

$$i_{over} = \left((1 + i_{ano})^{\left(\frac{1}{252}\right)} - 1\right) \times 100$$

Em que:

i_{over} = Taxa efetiva para um dia útil.

i_{ano} = Taxa over anual.

Exemplos:

1. Calcule a taxa efetiva para um dia útil, sabendo que a taxa over é de 12% a.a.

$$i_{over} = \left((1 + 0{,}12)^{\left(\frac{1}{252}\right)} - 1\right) \times 100$$

Na HP 12C:

1 [Enter]
0,12 [+]
1 [Enter]
252 [÷] [y^x]
1 [–]
100 [x]

Resposta: 0,04498% (para 1 dia útil).

2. Atualize uma dívida de R$ 100.000,00 pelo CDI, para as taxas over 12,10% a.a., 12,13% a.a. e 12,15% a.a.

$$FV = 100.000 \times (1 + 0{,}121)^{\left(\frac{1}{252}\right)} \times (1 + 0{,}1213)^{\left(\frac{1}{252}\right)} \times (1 + 0{,}1215)^{\left(\frac{1}{252}\right)}$$

Na HP 12C:

100.000 [Enter]
1 [Enter]
0,121 [+]
1 [Enter]
252 [÷] [y^x] [x]
1 [Enter]

0,1213 [+]
1 [Enter]
252 [÷] [y^x] [x]
1 [Enter]
0,1215 [+]
1 [Enter]
252 [÷] [y^x] [x]

Resposta: R$ 100.136,35.

3. Foram aplicados R$ 150.000,00 em um CDB prefixado, taxa over de 12% a.a., prazo de 35 dias (24 dias úteis). Determine o valor de resgate.

   $$FV = 150.000 \times (1 + 0{,}12)^{\left(\frac{24}{252}\right)}$$

Na HP 12C:

150.000 [Enter]
1 [Enter]
0,12 [+]
24 [Enter]
252 [÷] [y^x] [x]

Resposta: R$ 151.627,75.

Função financeira da HP 12C:

[f] [CLEAR] [FIN]
150.000 [CHS] [PV]
12 [i]
24 [Enter]
252 [÷] [n]
[FV]

Resposta: R$ 151.627,75.

4. Certa empresa efetuou uma aplicação em CDB DI no valor de R$ 100.000,00, taxa 85% do CDI. Passados três dias úteis, o gerente da empresa quer saber o saldo atualizado da aplicação, considerando que as taxas do CDI no período foram respectivamente 12,05% a.a., 12,15% a.a. e 12,10% a.a.

Atenção:

- O CDI (Certificado de Depósito Interfinanceiro) é negociado em taxa over anual.
- É necessário calcular as taxas efetivas por dia útil, aplicar o percentual de 85% e, depois, capitalizar as taxas diárias resultantes.

Primeiro dia:

$$FV = 100.000 \times \{[(1 + 0{,}1205)^{\left(\frac{1}{252}\right)} - 1] \times 0{,}85 + 1\}$$

Na HP 12C:

1 [Enter]
0,1205 [+]
1 [Enter]
252 [÷] [y^x]
1 [-]
0,85 [x]
1 [+]
100.000 [x]

Resposta: R$ 100.038,39 (saldo no primeiro dia).

Segundo dia:

$$FV = 100.038{,}39 \times \{[(1 + 0{,}1215)^{\left(\frac{1}{252}\right)} - 1] \times 0{,}85 + 1\}$$

$$FV = 100.077{,}09$$

Na HP 12C:

1 [Enter]
0,1215 [+]
1 [Enter]
252 [÷] [y^x]
1 [–]
0,85 [x]
1 [+]
100.038,39 [x]

Resposta: R$ 100.077,09 (saldo no segundo dia).

Terceiro dia:

$$FV = 100.077,09 \times \{[(1 + 0,1210)^{\left(\frac{1}{252}\right)} - 1] \times 0,85 + 1\}$$

$$FV = 100.115,66$$

Na HP 12C:

1 [Enter]
0,1210 [+]
1 [Enter]
252 [÷] [y^x]
1 [–]
0,85 [x]
1 [+]
100.077,09 [x]

Resposta: R$ 100.115,66 (saldo no terceiro dia).

Séries de pagamentos

Nos capítulos anteriores estudamos operações com pagamento único, apenas uma entrada e uma saída de caixa. Neste capítulo estudaremos operações que envolvem múltiplos pagamentos ou recebimentos.

Existem séries de pagamentos postecipadas, nas quais as parcelas são pagas ao final de cada período, e séries antecipadas, em que as parcelas são pagas no início de cada período.

Pagamentos postecipados

Mais comuns em operações de empréstimos e financiamentos bancários, apresentam a seguinte estrutura:

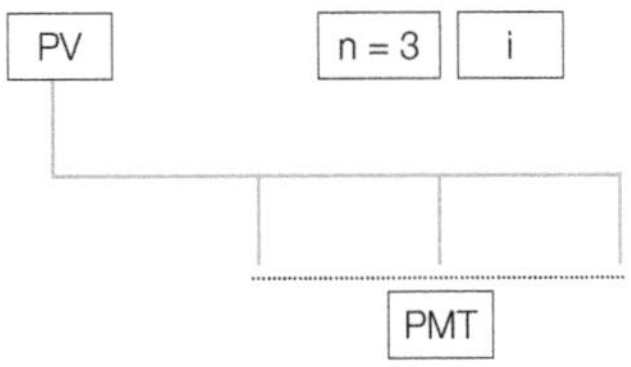

Pagamentos antecipados

Mais comuns no comércio, para aquisição de bens, apresentam a seguinte estrutura:

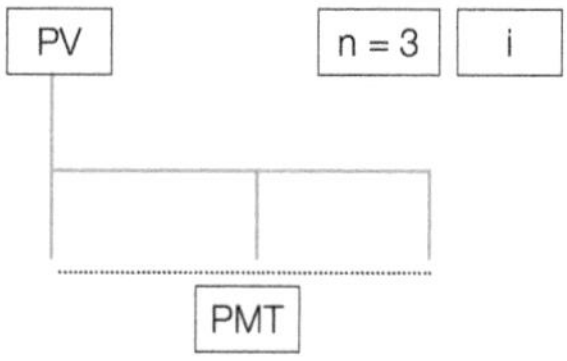

O sistema financeiro brasileiro opera basicamente com dois sistemas de amortização, que possuem características do regime de capitalização composta (juros compostos):

- Sistema de amortização Price ou francês.
- Sistema de amortização constante (SAC).

Um terceiro modelo é defendido, principalmente no meio jurídico, mas não é utilizado pelo sistema financeiro brasileiro: sistema de amortização a juros simples (método de Gauss).

Todos os sistemas de pagamento partem do seguinte princípio:

Fórmula nº 27

PRESTAÇÃO = AMORTIZAÇÃO + JUROS

Em que:

Prestação = Valor de cada parcela ou pagamento.

Amortização = Valor de capital pago em cada prestação.

Juros = Valor dos juros pagos em cada prestação.

Os valores e o comportamento dessas variáveis ao longo da operação de empréstimo dependem da metodologia de cálculo de cada sistema de amortização.

Sistema de amortização Price ou francês

Modelo mais utilizado em operações de empréstimos e financiamentos no mercado brasileiro. Principais características:

- Regime de capitalização composta.

- Série uniforme de pagamentos:
  - Todas as parcelas (PMT) são do mesmo valor.
  - A periodicidade entre as parcelas é a mesma (mensal, semestral, anual, etc.).
- A variável (n) representa o número de parcelas.
- Em séries de pagamentos, a taxa (i) deve ser expressa na mesma periodicidade das parcelas:
  - Parcelas mensais → taxa mensal.
  - Parcelas anuais → taxa anual.
  - Se necessário, converter a taxa utilizando o conceito de taxas equivalentes.

A função financeira da HP 12C opera somente com o sistema de amortização Price ou francês. Na configuração original, a HP 12C trabalha com série de pagamentos postecipados. Para cálculos envolvendo série de pagamentos antecipados, precisamos acionar a função [g] [BEG]:

- No visor da máquina aparecerá o indicador “BEGIN”.
- Para retornar à configuração original (pagamentos postecipados), acionar a função [g] [END]. O indicador “BEGIN” desaparecerá do visor.

Vejamos as fórmulas para os pagamentos postecipados:

Calculando o valor da prestação

Fórmula nº 28

$$PMT = PV \times \frac{(1 + i)^n \times i}{(1 + i)^n - 1}$$

Exemplo:

- PV = 15.000,00
- i = 1,75% a.m.
- n = 5 meses
- PMT =

$$PMT = 15.000 \times \frac{(1 + 0{,}0175)^5 \times 0{,}0175}{(1 + 0{,}0175)^5 - 1}$$

Na HP 12C:

15.000 [Enter]
1 [Enter]
0,0175 [+]
5 [y^x]
0,0175 [x]
1 [Enter]
0,0175 [+]
5 [y^x]
1 [–] [÷] [x]

Resposta: R$ 3.159,32.

Função financeira da HP 12C:

[f] [CLEAR] [FIN]
15.000 [CHS] [PV]
5 [n]
1,75 [i]
[PMT]

Resposta: R$ 3.159,32.

Calculando o valor presente

Fórmula nº 29

$$PV = PMT \times \frac{(1 + i)^n - 1}{(1 + i)^n \times i}$$

Exemplo:

- PMT = 1.500,00
- i = 2,00% a.m.
- n = 5 meses
- PV =

$$PV = 1.500 \times \frac{(1 + 0,02)^5 - 1}{(1 + 0,02)^5 \times 0,02}$$

Na HP 12C:

1.500 [Enter]
1 [Enter]
0,02 [+]
5 [y^x]
1 [–]
1 [Enter]
0,02 [+]
5 [y^x]
0,02 [x] [÷] [x]

Resposta: R$ 7.070,19.

Função financeira da HP 12C:

[f] [CLEAR] [FIN]
1.500 [CHS] [PMT]
5 [n]
2 [i]
[PV]

Resposta: R$ 7.070,19.

Calculando o prazo

Fórmula nº 30

$$n = \frac{LN\left(1 - \frac{PV}{PMT} \times i\right)}{LN\,(1 + i)}$$

Exemplo:

- PMT = 1.500,00
- PV = 7.070,19
- i = 2,00% a.m.
- n =

$$n = \frac{LN\left(1 - \frac{7.070,19}{1.500,00}\right) \times 0,02}{LN\ (1 + 0,02)}$$

Na HP 12C:

1 [Enter]
7.070,19 [Enter]
1.500 [÷]
0,02 [x] [–]
[g] [LN]
1 [Enter]
0,02 [+]
[g] [LN] [÷]

Resposta: 5 meses.

Função financeira da HP 12C:

[f] [CLEAR] [FIN]
1.500 [CHS] [PMT]
7.070,19 [PV]
2 [i]
[n]

Resposta: 5 meses.

Cálculo da taxa de juros

Em uma série de pagamentos uniformes, o cálculo algébrico da taxa de juros – variável (i) – é muito sofisticado e não apresenta uma solução direta.

Como nosso objetivo é aplicar os conceitos financeiros, vamos apresentar neste capítulo apenas a resolução pela função financeira da HP 12C e, em tópico apropriado,* a resolução pelo Excel.

Exemplo:

- PV = 1.000,00
- PMT = 91,68

* "Funções do Excel para cálculo de séries de pagamentos uniformes", p. 141.

- n = 12 meses
- i =

Função financeira da HP 12C:

[f] [CLEAR] [FIN]
1.000 [CHS] [PV]
91,68 [PMT]
12 [n]
[i]

Resposta: 1,5% a.m.

Calculando o valor futuro

Fórmula nº 31

$$FV = PMT \times \left[\frac{(1+i)^n - 1}{i}\right]$$

Exemplo:

- PMT = 1.200,00
- i = 2,10% a.m.
- n = 10 meses
- FV =

$$FV = 1.200 \times \left[\frac{(1 + 0{,}021)^{10} - 1}{0{,}021}\right]$$

Na HP 12C:

1.200 [Enter]
1 [Enter]
0,021 [+]
10 [y^x]
1 [–]
0,021 [÷] [x]

Resposta: R$ 13.199,90.

Função financeira da HP 12C:

[f] [CLEAR] [FIN]
1.200 [CHS] [PMT]
10 [n]
2,10 [i]
[FV]

Resposta: R$ 13.199,90.

Calculando o valor da prestação, para um FV conhecido

Fórmula nº 32

$$PMT = FV \times \left[\frac{i}{(1+i)^n - 1}\right]$$

Exemplo:

- FV = 45.000,00
- i = 0,75% a.m.
- n = 24 meses
- PMT =

$$PMT = 45.000 \times \left[\frac{(0{,}0075)}{(1+0{,}0075)^{24} - 1}\right]$$

Na HP 12C:

45.000 [Enter]
0,0075 [Enter]
1 [Enter]
0,0075 [+]
24 [y^x]
1 [–] [÷] [x]

Resposta: R$ 1.718,31.

Função financeira da HP 12C:

[f] [CLEAR] [FIN]
45.000 [FV]
24 [n]
0,75 [i]
[PMT]

Resposta: R$ –1.718,31.

Para pagamentos antecipados, as fórmulas de cálculo são praticamente as mesmas, com um pequeno ajuste para refletir a antecipação das parcelas em um período.

Calculando o valor da prestação (série antecipada)

Fórmula nº 33

$$PMT = PV \times \frac{(1 + i)^n \times i}{(1 + i)^n - 1} \times \frac{1}{(1 + i)}$$

Exemplo:

- PV = 5.000,00
- i = 2,5% a.m.
- n = 10 meses
- PMT (série antecipada) =

$$PMT = 5.000 \times \frac{(1 + 0,025)^{10} \times 0,025}{(1 + 0,025)^{10} - 1} \times \frac{1}{(1 + 0,025)}$$

Na HP 12C:

5.000 [Enter]
1 [Enter]
0,025 [+]
10 [y^x]
0,025 [x] [x]
1 [Enter]
0,025 [+]

10 [y^x]
1 [–] [÷]
1 [Enter]
1 [Enter]
0,025 [+] [÷] [x]

Resposta: R$ 557,36.

Função financeira da HP 12C:

[f] [CLEAR] [FIN]
[g] [BEG]
5.000 [PV]
10 [n]
2,50 [i]
[PMT]

Resposta: R$ –557,36.

Calculando o valor presente (série antecipada)

Fórmula nº 34

$$PV = PMT \times \frac{(1 + i)^n - 1}{(1 + i)^n \times i} \times (1 + i)$$

Exemplo:

- PMT = 550,00
- i = 1,24% a.m.
- n = 12 meses
- PV (série antecipada) =

$$PV = 550 \times \frac{(1 + 0{,}0124)^{12} - 1}{(1 + 0{,}0124)^{12} \times 0{,}0124} \times (1 + 0{,}0124)$$

Na HP 12C:

550 [Enter]
1 [Enter]
0,0124 [+]
12 [y^x]
1 [–] [x]
1 [Enter]
0,0124 [+]
12 [y^x]
0,0124 [x] [÷]
1 [Enter]
0,0124 [+] [x]

Resposta: R$ 6.173,05.

Função financeira da HP 12C:

[f] [CLEAR] [FIN]
[g] [BEG]
550 [CHS] [PMT]
12 [n]
1,24 [i]
[PV]

Resposta: R$ 6.173,05.

Calculando o prazo (série antecipada)

Fórmula nº 35

$$n = -\left\{\frac{LN\left[1 - \left(\frac{(PV \times i)}{PMT \times (1 + i)}\right)\right]}{LN(1 + i)}\right\}$$

Exemplo:

- PV = 10.000,00
- PMT = 697,19

- $i = 1{,}50\%$ a.m.
- n (série antecipada) =

$$n = -\left\{\frac{LN\left[1 - \left(\dfrac{10.000 \times 0{,}015}{697{,}19 \times (1 + 0{,}015)}\right)\right]}{LN(1 + 0{,}015)}\right\}$$

Observação:

- Devido à capacidade da HP 12C, descrita no capítulo "Funções básicas da calculadora HP 12C" (p. 11), é preciso controlar a forma de entrada dos dados na máquina, para não haver erro de cálculo. O mesmo cálculo pode ser introduzido na máquina de diversas formas.

Na HP 12C:

10.000 [Enter]
0,015 [x]
697,19 [Enter]
1 [Enter]
0,015 [+] [x] [÷] [CHS]
1 [+]
[g] [LN]
1 [Enter]
0,015 [+]
[g] [LN] [÷]

Resposta: 16 meses.

Função financeira da HP 12C:

[f] [CLEAR] [FIN]
[g] [BEG]
10.000 [PV]
697,19 [CHS] [PMT]
1,5 [i]
[n]

Resposta: 16 meses.

Cálculo da taxa de juros (série antecipada)

Conforme dito anteriormente, o cálculo algébrico da taxa de juros – variável (i) – é muito sofisticado e não apresenta uma solução direta.

Como nosso objetivo é aplicar os conceitos financeiros, vamos apresentar a seguir apenas a resolução pela função financeira da HP 12C e, em tópico apropriado,* a resolução pelo Excel.

Exemplo:

- PV = 13.000,00
- PMT = 716,30
- n = 24 meses
- i =

Função financeira da HP 12C:

[f] [CLEAR] [FIN]
[g] [BEG]
13.000 [CHS] [PV]
716,30 [PMT]
24 [n]
[i]

Resposta: 2,60% a.m.

Calculando o valor futuro (série antecipada)

Fórmula nº 36

$$FV = PMT \times \left[\frac{(1+i)^n - 1}{i}\right] \times (1+i)$$

Exemplo:

- PMT = 150,00
- n = 24
- i = 1,30% a.m
- FV (série antecipada) =

* "Funções do Excel para cálculo de séries de pagamentos uniformes", p. 141.

$$FV = 150 \times \left[\frac{(1 + 0{,}013)^{24} - 1}{0{,}013}\right] \times (1 + 0{,}013)$$

Na HP 12C:

150 [Enter]
1 [Enter]
0,013 [+]
24 [y^x]
1 [–]
0,013 [÷] [x]
1 [Enter]
0,013 [+] [x]

Resposta: R$ 4.247,71.

Função financeira da HP 12C:

[f] [CLEAR] [FIN]
[g] [BEG]
150 [CHS] [PMT]
24 [n]
1,3 [i]
[FV]

Resposta: R$ 4.247,71.

Calculando o valor da prestação, para um FV conhecido (série antecipada)

Fórmula nº 37

$$PMT = FV \times \left[\frac{i}{(1 + i)^n - 1}\right] \times \left(\frac{1}{(1 + i)}\right)$$

Exemplo:

- FV = 18.000,00
- n = 10
- i = 1,80 % am
- PMT (série antecipada) =

$$PMT = 18.000 \times \left[\frac{0{,}018}{(1 + 0{,}018)^{10} - 1}\right] \times \left(\frac{1}{(1 + 0{,}018)}\right)$$

Na HP 12C:

18.000 [Enter]
0,018 [Enter]
1 [Enter]
0,018 [+]
10 [y^x]
1 [–] [÷] [x]
1 [Enter]
1 [Enter]
0,018 [+] [÷] [x]

Resposta: R$ 1.629,63.

Função financeira da HP 12C:

[f] [CLEAR] [FIN]
[g] [BEG]
18.000 [CHS] [FV]
10 [n]
1,8 [i]
[PMT]

Resposta: R$ 1.629,63.

Memória de cálculo do sistema Price ou francês

Demonstraremos, a seguir, como se calculam a amortização de uma operação de empréstimo, a apropriação de juros e o comportamento do saldo devedor após o pagamento de cada parcela.

Exemplo:

- PV = 1.000,00
- i = 1% am
- n = 5 meses

Construção da tabela, fazendo uso das funções financeiras da HP 12C:

1. Cálculo do PMT (série postecipada):

[f] [CLEAR] [FIN]
1.000 [PV]
5 [n]
1 [i]
[PMT]

Resposta: R$ –206,04.

2. Cálculo do valor dos juros, das amortizações e dos saldos devedores:
   - Sem limpar os registros da máquina, repetir a sequência:

1 [f] [AMORT]➔ –10,00 [X><Y]➔ –196,04 [RCL] [PV]➔ 803,96
1 [f] [AMORT]➔ –8,04 [X><Y]➔ –198,00 [RCL] [PV]➔ 605,96
1 [f] [AMORT]➔ –6,06 [X><Y]➔ –199,98 [RCL] [PV]➔ 405,98
1 [f] [AMORT]➔ –4,06 [X><Y]➔ –201,98 [RCL] [PV]➔ 204,00
1 [f] [AMORT]➔ –2,04 [X><Y]➔ –204,00 [RCL] [PV]➔ 0,00

Parcela	Saldo devedor	Amortização	Juros	Prestação
0	1.000,00	–	–	–
1	803,96	196,04	10,00	206,04
2	605,96	198,00	8,04	206,04
3	405,98	199,98	6,06	206,04
4	204,00	201,98	4,06	206,04
5	0,00	204,00	2,04	206,04
Total		1.000,00	30,20	1.030,20

Operações com carência e pagamento dos juros do período

Exemplo:

- PV = 10.000,00
- i = 1% am
- n = 5 meses
- Carência = 2 meses

Construção da tabela, fazendo uso das funções financeiras da HP 12C:

1. Cálculo dos juros durante a carência:

10.000 [Enter]
1 [%]

Resposta: 100,00.

2. Cálculo do PMT (série postecipada):

[f] [CLEAR] [FIN]
10.000 [PV]
5 [n]
1 [i]
[PMT]

Resposta: R$ –2.060,40.

3. Cálculo do valor dos juros, das amortizações e dos saldos devedores:
   - Sem limpar os registros da máquina, repetir a sequência:

1 [f] [AMORT]➔ –100,00 [X><Y]➔ –1.960,40 [RCL] [PV]➔ 8.039,60
1 [f] [AMORT]➔ –80,40 [X><Y]➔ –1.980,00 [RCL] [PV]➔ 6.059,60
1 [f] [AMORT]➔ –60,60 [X><Y]➔ –1.999,80 [RCL] [PV]➔ 4.059,80
1 [f] [AMORT]➔ –40,60 [X><Y]➔ –2.019,80 [RCL] [PV]➔ 2.040,00
1 [f] [AMORT]➔ –20,40 [X><Y]➔ –2.040,00 [RCL] [PV]➔ 0,00

Parcela	Saldo devedor	Amortização	Juros	Prestação
0	10.000,00	–	–	–
1	10.000,00	–	100,00	100,00
2	10.000,00	–	100,00	100,00
3	8.039,60	1.960,40	100,00	2.060,40
4	6.059,60	1.980,00	80,40	2.060,40
5	4.059,80	1.999,80	60,60	2.060,40
6	2.040,00	2.019,80	40,60	2.060,40
7	0,00	2.040,00	20,40	2.060,40
	Total	10.000,00	502,00	10.502,00

Operações com carência e juros incorporados ao principal (financiados)

Exemplo:

- PV = 10.000,00
- i = 1% a.m.
- n = 5 meses
- Carência = 2 meses

Construção da tabela, fazendo uso das funções financeiras da HP 12C:

1. Atualização do valor do financiamento:

```
[f] [CLEAR] [FIN]
10.000 [CHS] [PV]
2 [n]
1 [i]
[FV]
```

Resposta: R$ 10.201,00.

2. Cálculo do PMT (série postecipada):

```
[f] [CLEAR] [FIN]
10.201 [PV]
5 [n]
1 [i]
[PMT]
```

Resposta: R$ –2.101,81.

3. Cálculo do valor dos juros, das amortizações e dos saldos devedores:
    - Sem limpar os registros da máquina, repetir a sequência:

1 [f] [AMORT]➔ –102,01 [X><Y]➔ –1.999,80 [RCL] [PV]➔ 8.201,20
1 [f] [AMORT]➔ –82,01 [X><Y]➔ –2.019,80 [RCL] [PV]➔ 6.181,40
1 [f] [AMORT]➔ –61,81 [X><Y]➔ –2.040,00 [RCL] [PV]➔ 4.141,40
1 [f] [AMORT]➔ –41,41 [X><Y]➔ –2.060,40 [RCL] [PV]➔ 2.081,00
1 [f] [AMORT]➔ –20,81 [X><Y]➔ –2.081,00 [RCL] [PV]➔ 0,00

Parcela	Saldo devedor	Amortização	Juros	Prestação
0	10.000,00			
1	10.000,00			
2	10.201,00			
3	8.201,20	1.999,80	102,01	2.101,81
4	6.181,40	2.019,80	82,01	2.101,81
5	4.141,40	2.040,00	61,81	2.101,81
6	2.081,00	2.060,40	41,41	2.101,81
7	0,00	2.081,00	20,81	2.101,81
	Total	10.201,00	308,05	10.509,05

Sistema de amortização constante (SAC)

O SAC é utilizado, geralmente, em operações de crédito imobiliário. O grande atrativo desse sistema para o tomador do empréstimo é o fato de as prestações serem decrescentes.

Principais características:

- Regime de capitalização composta.
- Valor da amortização constante.
- Valor dos juros decrescente.
- Valor da prestação decrescente.
- A periodicidade entre as parcelas é a mesma (mensal, semestral, anual, etc.).
- Em séries de pagamentos, a taxa (i) dever ser expressa na mesma periodicidade das parcelas:
  - Parcelas mensais ➔ taxa mensal.
  - Parcelas anuais ➔ taxa anual.
  - Se necessário, converter a taxa utilizando o conceito de taxas equivalentes.

Observação:

- A função financeira da HP 12C não opera com o sistema SAC.

Sabendo que o valor da amortização é constante e o valor da prestação é igual à soma da amortização mais juros, vejamos os cálculos necessários utilizados nesse sistema:

Calculando o valor da amortização constante

Fórmula nº 38

$$Amort_{(SAC)} = \frac{PV}{n}$$

Calculando os juros da primeira prestação

Fórmula nº 39

$$J_{(1)} = PV \times i$$

Calculando o valor da primeira prestação

Fórmula nº 40

$$PMT_1 = Amort_{SAC} + J_1$$

Calculando o saldo devedor após a primeira amortização

Fórmula nº 41

$$SD_1 = PV - Amort_{SAC}$$

Calculando o saldo devedor para as demais amortizações

Fórmula nº 42

$$SD_n = SD_{(n-1)} - Amort_{SAC}$$

Calculando os juros das demais parcelas

Fórmula nº 43

$$J_n = SD_{(n-1)} \times i$$

Calculando o valor das demais prestações

Fórmula nº 44

$$PMT_n = Amort_{SAC} + J_n$$

Memória de cálculo do SAC

Demonstraremos, a seguir, como se calculam a amortização de uma operação de empréstimo, a apropriação de juros e o comportamento do saldo devedor após o pagamento de cada parcela.

Exemplo:

- PV = 1.000,00
- i = 1% a.m.
- n = 5 meses

Construção da tabela pelas fórmulas algébricas:

1. Cálculo do valor da amortização:

$Amort_{(SAC)} = \frac{PV}{n}$ $\quad Amort_{(SAC)} = \frac{1.000}{5}$ $\quad Amort_{(SAC)} = 200,00$

2. Cálculo dos saldos devedores:

$SD_0 = PV$ $\quad SD_0 = 1.000,00$

$SD_1 = SD_0 - Amort_{SAC}$ $\quad SD_1 = 1.000,00 - 200,00$ $\quad SD_1 = 800,00$

$SD_2 = SD_1 - Amort_{SAC}$ $\quad SD_2 = 800,00 - 200,00$ $\quad SD_2 = 600,00$

$SD_3 = SD_2 - Amort_{SAC}$ $\quad SD_3 = 600,00 - 200,00$ $\quad SD_3 = 400,00$

$SD_4 = SD_3 - Amort_{SAC}$ $\quad SD_4 = 400,00 - 200,00$ $\quad SD_4 = 200,00$

$SD_5 = SD_4 - Amort_{SAC}$ $\quad SD_5 = 200,00 - 200,00$ $\quad SD_5 = 0,00$

3. Cálculo dos valores dos juros:

$J_1 = PV \times i$ $\quad J_1 = 1.000,00 \times 0,01$ $\quad J_1 = 10,00$

$J_2 = SD_1 \times i$ $\quad J_2 = 800,00 \times 0,01$ $\quad J_2 = 8,00$

$J_3 = SD_2 \times i$ $\quad J_3 = 600,00 \times 0,01$ $\quad J_3 = 6,00$

$J_4 = SD_3 \times i$ $\quad J_4 = 400,00 \times 0,01$ $\quad J_4 = 4,00$

$J_5 = SD_4 \times i$ $\quad J_5 = 200,00 \times 0,01$ $\quad J_5 = 2,00$

4. Cálculo dos valores das prestações:

$PMT_1 = Amort_{SAC} + J_1$ $\quad PMT_1 = 200,00 + 10,00$ $\quad PMT_1 = 210,00$

$PMT_2 = Amort_{SAC} + J_2$ $\quad PMT_2 = 200,00 + 8,00$ $\quad PMT_2 = 208,00$

$PMT_3 = Amort_{SAC} + J_3$ $\quad PMT_3 = 200,00 + 6,00$ $\quad PMT_3 = 206,00$

$PMT_4 = Amort_{SAC} + J_4$ $\quad PMT_4 = 200,00 + 4,00$ $\quad PMT_4 = 204,00$

$PMT_5 = Amort_{SAC} + J_5$ $\quad PMT_5 = 200,00 + 2,00$ $\quad PMT_5 = 202,00$

Parcela	Saldo devedor	Amortização	Juros	Prestação
0	1.000,00	–	–	–
1	800,00	200,00	10,00	210,00
2	600,00	200,00	8,00	208,00
3	400,00	200,00	6,00	206,00
4	200,00	200,00	4,00	204,00
5	0,00	200,00	2,00	202,00
	Total	1.000,00	30,00	1.030,00

Operações com carência e pagamento dos juros do período

Exemplo:

- PV = 10.000,00
- i = 1% a.m.
- n = 5 meses
- Carência = 2 meses

Construção da tabela pelas fórmulas algébricas:

1. Cálculo do valor dos juros durante a carência:

10.000 [Enter]
1 [%]

Resposta: 100,00.

2. Cálculo do valor da amortização:

$Amort_{(SAC)} = \frac{PV}{n}$ $\quad Amort_{(SAC)} = \frac{10.000}{5}$ $\quad Amort_{(SAC)} = 2.000,00$

3. Cálculo dos saldos devedores:

$SD_0 = PV$ $\quad SD_0 = 10.000,00$

$SD_1 = PV$ $\quad SD_1 = 10.000,00$

$SD_2 = PV$ $\quad SD_2 = 10.000,00$

$SD_3 = SD_2 - Amort_{SAC}$ $SD_3 = 10.000,00 - 2.000,00$ $SD_3 = 8.000,00$

$SD_4 = SD_3 - Amort_{SAC}$ $SD_4 = 8.000,00 - 2.000,00$ $SD_4 = 6.000,00$

$SD_5 = SD_4 - Amort_{SAC}$ $SD_5 = 6.000,00 - 2.000,00$ $SD_5 = 4.000,00$

$SD_6 = SD_5 - Amort_{SAC}$ $SD_6 = 4.000,00 - 2.000,00$ $SD_6 = 2.000,00$

$SD_7 = SD_6 - Amort_{SAC}$ $SD_7 = 2.000,00 - 2.000,00$ $SD_7 = 0,00$

4. Cálculo dos valores dos juros no período de amortização:

$J_3 = SD_2 \times i$ $J_3 = 10.000,00 \times 0,01$ $J_3 = 100,00$

$J_4 = SD_3 \times i$ $J_4 = 8.000,00 \times 0,01$ $J_4 = 80,00$

$J_5 = SD_4 \times i$ $J_5 = 6.000,00 \times 0,01$ $J_5 = 60,00$

$J_6 = SD_5 \times i$ $J_6 = 4.000,00 \times 0,01$ $J_6 = 40,00$

$J_7 = SD_6 \times i$ $J_7 = 2.000,00 \times 0,01$ $J_7 = 20,00$

5. Cálculo dos valores das prestações:

$PMT_1 = Amort_{SAC} + J_1$ $PMT_1 = 0,00 + 100,00$ $PMT_1 = 100,00$

$PMT_2 = Amort_{SAC} + J_2$ $PMT_2 = 0,00 + 100,00$ $PMT_2 = 100,00$

$PMT_3 = Amort_{SAC} + J_3$ $PMT_3 = 2.000,00 + 100,00$ $PMT_3 = 2.100,00$

$PMT_4 = Amort_{SAC} + J_4$ $PMT_4 = 2.000,00 + 80,00$ $PMT_4 = 2.080,00$

$PMT_5 = Amort_{SAC} + J_5$ $PMT_5 = 2.000,00 + 60,00$ $PMT_5 = 2.060,00$

$PMT_6 = Amort_{SAC} + J_6$ $PMT_6 = 2.000,00 + 40,00$ $PMT_6 = 2.040,00$

$PMT_7 = Amort_{SAC} + J_7$ $PMT_7 = 2.000,00 + 20,00$ $PMT_7 = 2.020,00$

Parcela	Saldo devedor	Amortização	Juros	Prestação
0	10.000,00	–	–	–
1	10.000,00	–	100,00	100,00
2	10.000,00	–	100,00	100,00
3	8.000,00	2.000,00	100,00	2.100,00
4	6.000,00	2.000,00	80,00	2.080,00
5	4.000,00	2.000,00	60,00	2.060,00
6	2.000,00	2.000,00	40,00	2.040,00
7	0,00	2.000,00	20,00	2.020,00
	Total	10.000,00	500,00	10.500,00

Operações com carência e juros incorporados ao principal (financiados)

Exemplo:

- PV = 10.000,00
- i = 1% a.m.
- n = 5 meses
- Carência = 2 meses

Construção da tabela pelas fórmulas algébricas:

1. Cálculo dos valores dos juros no período de carência:

$J_1 = PV \times i$ | $J_1 = 10.000,00 \times 0,01$ | $J_1 = 100,00$

$J_2 = (PV + J_1) \times i$ | $J_2 = (10.000,00 + 100,00) \times 0,01$ | $J_2 = 101,00$

2. Cálculo dos saldos devedores:

$SD_0 = PV$ | $SD_0 = 10.000,00$

$SD_1 = SD_0 + J_1$ | $SD_1 = 10.000,00 + 100,00$ | $SD_1 = 10.100,00$

$SD_2 = SD_1 + J_2$ | $SD_2 = 10.100,00 + 101,00$ | $SD_2 = 10.201,00$

$SD_3 = SD_2 - Amort_{SAC}$ | $SD_3 = 10.201,00 - 2.040,20$ | $SD_3 = 8.160,80$

$SD_4 = SD_3 - Amort_{SAC}$ | $SD_4 = 8.160,80 - 2.040,20$ | $SD_4 = 6.120,60$

$SD_5 = SD_4 - Amort_{SAC}$ | $SD_5 = 6.120,60 - 2.040,20$ | $SD_5 = 4.080,40$

$SD_6 = SD_5 - Amort_{SAC}$ | $SD_6 = 4.080,40 - 2.040,20$ | $SD_6 = 2.040,20$

$SD_7 = SD_6 - Amort_{SAC}$ | $SD_7 = 2.040,20 - 2.040,20$ | $SD_7 = 0,00$

Observação:

- O valor da $Amort_{SAC}$ é obtido por meio da divisão do saldo, após o período de carência (SD_2), pelo número de amortizações previstas ($10.201,00 \div 5 = 2.040,20$).

3. Cálculo dos valores dos juros no período de amortização:

$J_3 = SD_2 \times i$ | $J_3 = 10.201,00 \times 0,01$ | $J_3 = 102,01$

$J_4 = SD_3 \times i$ | $J_4 = 8.160,80 \times 0,01$ | $J_4 = 81,61$

$J_5 = SD_4 \times i$ | $J_5 = 6.120,60 \times 0,01$ | $J_5 = 61,21$

$J_6 = SD_5 \times i$ | $J_6 = 4.080,40 \times 0,01$ | $J_6 = 40,80$

$J_7 = SD_6 \times i$ | $J_7 = 2.040,20 \times 0,01$ | $J_7 = 20,40$

4. Cálculo dos valores das prestações:

$PMT_1 = Amort_{SAC} + J_1$ $\quad PMT_1 = 0{,}00 + 0{,}00$ $\quad PMT_1 = 0{,}00$

$PMT_2 = Amort_{SAC} + J_2$ $\quad PMT_2 = 0{,}00 + 0{,}00$ $\quad PMT_2 = 0{,}00$

$PMT_3 = Amort_{SAC} + J_3$ $\quad PMT_3 = 2.040{,}20 + 102{,}01$ $\quad PMT_3 = 2.142{,}21$

$PMT_4 = Amort_{SAC} + J_4$ $\quad PMT_4 = 2.040{,}20 + 81{,}61$ $\quad PMT_4 = 2.121{,}81$

$PMT_5 = Amort_{SAC} + J_5$ $\quad PMT_5 = 2.040{,}20 + 61{,}21$ $\quad PMT_5 = 2.101{,}41$

$PMT_6 = Amort_{SAC} + J_6$ $\quad PMT_6 = 2.040{,}20 + 40{,}80$ $\quad PMT_6 = 2.081{,}00$

$PMT_7 = Amort_{SAC} + J_7$ $\quad PMT_7 = 2.040{,}20 + 20{,}40$ $\quad PMT_7 = 2.060{,}60$

Parcela	Saldo devedor	Amortização	Juros	Prestação
0	10.000,00	–	–	–
1	10.100,00	–	–	–
2	10.201,00	–	–	–
3	8.160,80	2.040,20	102,01	2.142,21
4	6.120,60	2.040,20	81,61	2.121,81
5	4.080,40	2.040,20	61,21	2.101,41
6	2.040,20	2.040,20	40,80	2.081,00
7	0,00	2.040,20	20,40	2.060,60
	Total	10.201,00	306,03	10.507,03

Sistema de amortização a juros simples (método de Gauss)

Conforme dito anteriormente, esta metodologia de cálculo não é utilizada pelo sistema financeiro brasileiro, mas pode ser uma alternativa para os contratos que não envolvam uma instituição financeira como contraparte.

Principais características:

- Regime de capitalização simples.
- Série uniforme de pagamentos:
    - Todas as parcelas (PMT) são do mesmo valor.
    - A periodicidade entre as parcelas é a mesma (mensal, semestral, anual, etc.).

- A variável (n) representa o número de parcelas.
- Em séries de pagamentos, a taxa (i) deve ser expressa na mesma periodicidade das parcelas:
  - Parcelas mensais ➔ taxa mensal.
  - Parcelas anuais ➔ taxa anual.
  - Se necessário, converter a taxa utilizando o conceito de taxas equivalentes.

Calculando o valor da prestação a juros simples

Fórmula nº 45

$$PMT_{JS} = PV \times \left\{ \frac{(1 + i \times n)}{\left[1 + \frac{i \times (n-1)}{2}\right] n} \right\}$$

Exemplo:

- PV = 10.000,00
- i = 2% a.m.
- n = 5 meses
- PMT_{JS} =

$$PMT_{JS} = 10.000 \times \left\{ \frac{(1 + 0{,}02 \times 5)}{\left[1 + \frac{0{,}02 \times (5-1)}{2}\right] 5} \right\}$$

Na HP 12C:

1 [Enter]
0,02 [Enter]
5 [x] [+]
1 [Enter]
5 [Enter]
1 [-]
0,02 [x]

2 [÷] [+]
5 [x] [÷]
10.000 [x]

Resposta: R$ 2.115,38.

Calculando o valor do índice de ponderação

Fórmula nº 46

$$IP = \frac{[(PMT_{JS} \times n) - PV]}{\left[\frac{(1 + n)\, n}{2}\right]}$$

Exemplo:

- PV = 10.000,00
- PMT_{JS} = 2.115,38
- n = 5
- IP =

$$IP = \frac{[(2.155{,}38 \times 5) - 10.000]}{\left[\frac{(1 + 5) \times 5}{2}\right]}$$

Na HP 12C:

2.115,38 [Enter]
5 [x]
10.000 [–]
1 [Enter]
5 [+]
5 [x]
2 [÷] [÷]

Resposta: R$ 38,460000.

Memória de cálculo do sistema de amortização a juros simples

Parcela	Períodos para juros	Saldo devedor	Amortização	Juros	Prestação
0		10.000,00	–	–	–
1	5	8.076,92	1.923,08	192,30	2.115,38
2	4	6.115,38	1.961,54	153,84	2.115,38
3	3	4.115,38	2.000,00	115,38	2.115,38
4	2	2.076,92	2.038,46	76,92	2.115,38
5	1	0,00	2.076,92	38,46	2.115,38
	Total		10.000,00	576,90	10.576,90

Observações:

- A coluna "Períodos para juros" corresponde ao número de períodos sobre os quais serão cobrados juros.
  - Lembre-se que a periodicidade das parcelas pode ser mensal, trimestral, anual, etc.
- O valor dos juros de cada prestação é calculado multiplicando-se o índice de ponderação (IP) pelo número de "Períodos para juros".

$J_1 = 38{,}46 \times 5 \rightarrow 192{,}30$

$J_2 = 38{,}46 \times 4 \rightarrow 153{,}84$

$J_3 = 38{,}46 \times 3 \rightarrow 115{,}38$

$J_4 = 38{,}46 \times 2 \rightarrow 76{,}92$

$J_5 = 38{,}46 \times 1 \rightarrow 38{,}46$

EXERCÍCIOS DE SÉRIES DE PAGAMENTOS

1. Determine o valor da prestação a ser paga por um empréstimo bancário no valor de R$ 25.000,00, prazo de 36 parcelas mensais, taxa de 3,00% a.m.

   Resposta: R$ 1.145,09.

2. Um veículo foi financiado em 60 parcelas mensais de R$ 950,00. Conhecendo-se a taxa de 2,15% a.m., determine o valor do financiamento.

   Resposta: R$ 31.855,48.

3. Por um empréstimo de R$ 50.000,00, serão pagas 36 parcelas mensais de R$ 2.464,21. Determine a taxa de juros mensais da operação.

   Resposta: 3,50% a.m.

4. Quantos meses serão necessários para liquidar um empréstimo de R$ 18.000,00, a uma taxa mensal de 1,95%, pagando prestações no valor de R$ 946,30.

   Resposta: 24 meses.

5. Um televisor de R$ 1.800,00 será pago em 10 parcelas mensais antecipadas. Determine o valor das parcelas sabendo que a taxa é de 2,10% a.m.

   Resposta: R$ 197,29.

6. Um refrigerador é oferecido por R$ 1.500,00 à vista ou em 3 parcelas mensais (1 + 2) de R$ 520,00. Determine a taxa mensal de juros.

   Resposta: 4,05% a.m.

7. Qual o valor à vista de um bem financiado em 5 parcelas anuais antecipadas de R$ 100.000,00, a uma taxa de 17% a.a.?

   Resposta: R$ 374.323,50.*

* Lembramos que o valor de R$ 150.000,00 também será atualizado.

8. Uma pessoa pretende poupar, mensalmente, a partir desta data, R$ 200,00. Sabendo que a taxa do investimento é de 0,65% a.m., qual o saldo acumulado ao final de 1 ano?

   Resposta: R$ 2.503,86.

9. Quanto seria necessário poupar, mensalmente, a partir desta data, para se obter R$ 150.000,00 ao final de 5 anos, sabendo que a taxa é de 6,16778% a.a.?

   Resposta: R$ 2.139,22.

10. O valor do IPTU de um imóvel é R$ 600,00, podendo ser pago à vista com 3% de desconto ou em 10 parcelas mensais de R$ 61,00, vencendo a primeira após 30 dias. Qual a melhor alternativa para quem possui o dinheiro aplicado a uma taxa de 7% a.a.?

    Resposta: Pagar à vista, com 3% de desconto.

11. Um veículo de R$ 70.000,00 pode ser adquirido mediante uma entrada de 10% e o saldo em 36 parcelas de R$ 2.885,64. Determine a taxa de juros do financiamento.

    Resposta: 3% a.m.

12. Um banco oferece crédito pessoal em 36 parcelas à taxa de 3,10% a.m. Determine o valor da prestação para um cliente que pretende tomar empréstimo no valor de R$ 10.000,00.

    Resposta: R$ 464,90.

13. Um grupo de estudantes planeja uma festa de formatura que deve custar R$ 50.000,00. Quanto eles devem poupar, mensalmente, a partir desta data, sabendo que a taxa é de 0,65% a.m. e que faltam 18 meses para o evento?

    Resposta: R$ 2.610,49.

14. Um investidor verificou que o saldo de suas aplicações nesta data é R$ 150.000,00. Quanto ele precisa depositar, mensalmente, nos próximos 12 meses, para alcançar R$ 200.000,00, sabendo que a taxa de remuneração é de 7,50% a.a.?

    Resposta: R$ 3.123,21.*

* Lembramos que o valor de R$ 150.000,00 também será atualizado.

15. Uma operação de crédito pessoal no valor de R$ 20.000,00, à taxa de 3% a.m., será liquidada em 24 parcelas mensais. Determine o valor das prestações sabendo que haverá um ajuste de prazo (carência) de 15 dias, sendo os juros incorporados ao capital.

    Resposta: R$ 1.198,53.

16. Uma máquina de R$ 100.000,00 foi financiada para pagamento em 3 anos, sendo 6 meses de carência com o pagamento dos juros e 30 parcelas mensais. Determine o valor das prestações, sabendo que a taxa do contrato é de 2% a.m.

    Resposta: R$ 4.464,99.

17. Considerando um empréstimo de R$ 15.000,00 à taxa de 2% a.m., prazo de 5 parcelas mensais, construa a memória de cálculo para os sistemas de amortização Price e SAC. Qual o total de juros pagos em cada sistema?

    Respostas: Price = R$ 911,88; SAC = R$ 900,00.

18. Um empréstimo de R$ 90.000,00 será liquidado em 60 parcelas mensais pelo sistema SAC. Sabendo que a taxa é de 12% a.a., qual o valor da amortização referente à 30ª parcela?

    Resposta: R$ 1.500,00.

Análise de investimentos

Há diversos modelos para análise de investimentos. Todos sofrem críticas e possuem pontos fortes e fracos. Por esse motivo, utilizam-se vários modelos para amparar uma análise econômica financeira.

Neste capítulo estudaremos a taxa interna de retorno (TIR) e o valor presente líquido (VPL), ambos com foco no fluxo de caixa líquido esperado para o investimento.

Antes de prosseguirmos, faz-se necessário definirmos o conceito de taxa mínima de atratividade (TMA), uma vez que ela é:

- A taxa mínima de remuneração exigida pelo investidor.
- A taxa que atrai o investidor, tirando-o da zona de conforto e levando-o a assumir os riscos de um projeto ou investimento.

Taxa interna de retorno (TIR)

A TIR (ou IRR, em inglês *internal rate of return*), é a taxa de juros de um fluxo de caixa, que pode ser proveniente de um investimento financeiro, imobiliário ou de qualquer outro negócio, como a aquisição de uma padaria.

A viabilidade ou não do investimento provém da comparação entre a TIR e a TMA do investidor.

- Se TIR < TMA: o investimento deve ser rejeitado pelo investidor.
- Se TIR ≥ TMA: o investimento é recomendado.

Costuma-se dizer que a TIR é a taxa que zera o fluxo de caixa. Ou seja, se utilizarmos a TIR para calcular o valor presente (PV) de todos os fluxos de caixa e efetuarmos uma soma, obteremos o valor zero.

Exemplo:

- Um fluxo de caixa com apenas dois movimentos: uma saída de R$ 100,00 e uma entrada de R$ 120,00.

Por se tratar de um fluxo de caixa muito simples, podemos calcular a TIR utilizando a fórmula a seguir:

$$TIR = \left(\frac{FV}{PV} - 1\right) \times 100 \qquad TIR = \left(\frac{120}{100} - 1\right) \times 100 \qquad TIR = 20\%$$

Cálculo do PV correspondente à entrada de R$ 120,00:

$$PV = \frac{FV}{(1 + i)^n} \qquad PV = \frac{120}{(1 + 0{,}2)^1} \qquad PV = 100$$

Observe que a soma é igual a zero, confirmando o conceito de que a TIR zera o fluxo de caixa.

O cálculo da TIR para fluxos de caixa mais complexos, com diversas entradas e saídas de caixa, resulta em uma equação que não tem solução algébrica.

Tanto a HP 12C quanto o Excel calculam a taxa interna de retorno por meio de um processo interativo de "tentativa e erro".

A seguir, demonstraremos o cálculo na HP 12C e, mais adiante*, a resolução no Excel.

* "Funções TIR (taxa interna de retorno) e VPL (valor presente líquido)", p. 143.

A HP 12C possui um conjunto de teclas dedicadas ao estudo de fluxos de caixa:

- [g] [CF_0] ➔ Inserir fluxo de caixa inicial, momento zero.
- [g] [CF_j] ➔ Inserir todos os demais fluxos de caixa.
- [g] [N_j] ➔ Repetir fluxos de caixa de mesmo valor e consecutivos.
- [f] [IRR] ➔ Calcular a taxa interna de retorno.
- [f] [NPV] ➔ Calcular o valor presente líquido (VPL).

Atenção:

Para o cálculo da TIR é necessário que todas as parcelas do fluxo tenham a mesma periodicidade (ano, semestre, mês, dia, etc.), os valores podem ser diferentes. Assim:

- Se parcelas diárias, TIR expressa em % ao dia (a.d.).
- Se parcelas mensais, TIR expressa em % ao mês (a.m.).
- Se parcelas anuais, TIR expressa em % ao ano (a.a.).

Exemplos:

1. Calcular a TIR de um projeto que apresenta um desembolso inicial de R$ 100.000,00 e retorno de R$ 50.000,00 ao final do primeiro ano e R$ 120.000,00 ao final do segundo ano.

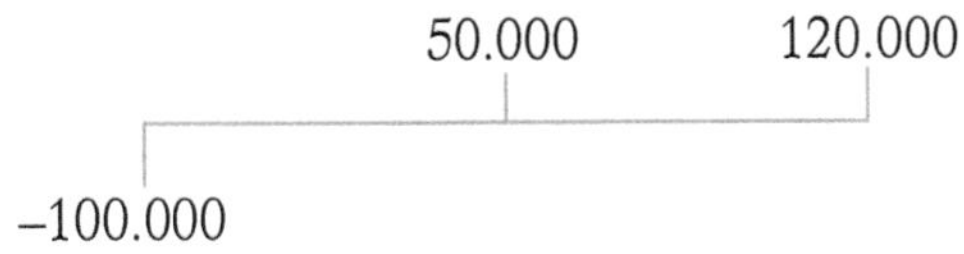

Função financeira da HP 12C:

[f] [CLEAR] [REG]
100.000 [CHS] [g] [CF_0]
50.000 [g] [CF_j]
120.000 [g] [CF_j]
[f] [IRR]

Resposta: 37,36% a.a.

Observação:

- A taxa está expressa em % a.a. porque a periodicidade das parcelas do fluxo é anual.

2. Calcule a TIR de um projeto que apresenta um desembolso inicial de R$ 100.000,00 e retorno de R$ 25.000,00 ao final de 6 meses, R$ 25.000,00 ao final de um ano e R$ 120.000,00 ao final do segundo ano.

Função financeira da HP 12C:

[f] [CLEAR] [REG]
100.000 [CHS] [g] [CF_0]
25.000 [g] [CF_j]
25.000 [g] [CF_j]
0 [g] [CF_j]
120.000 [g] [CF_j]
[f] [IRR]

Resposta: 18,40% a.s.

Observações:

- É necessário incluir a parcela de valor zero, sinalizando para a HP 12C que o fluxo de caixa tem a periodicidade semestral, caso contrário o cálculo estará errado.
- A taxa está expressa em% a.s. porque a periodicidade das parcelas do fluxo é semestral.

3. Calcule a TIR de um projeto que apresenta um desembolso inicial de R$ 15.000,00 e retorno em 4 parcelas mensais de R$ 1.000,00, seguidas de 8 parcelas mensais de R$ 1.500,00.

Função financeira da HP 12C:

[f] [CLEAR] [REG]
15.000 [CHS] [g] [CF_0]
1.000 [g] [CF_j]
4 [g] [N_j]
1.500 [g] [CF_j]
8 [g] [Nj]
[f] [IRR]

Resposta: 0,93% a.m.

Valor presente líquido (VPL)

O VPL, também conhecido como valor atual líquido (VAL) de um investimento, é o resultado do somatório de todos os fluxos de caixa esperados, descontados a valor presente pela TMA do investidor.

Cálculo do VPL

Fórmula nº 47

$$VPL = -FC_0 + \frac{FC_1}{(1 + TMA)^1} + \frac{FC_2}{(1 + TMA)^2} + \ldots + \frac{FC_n}{(1 + TMA)^n}$$

Em que:

$-FC_0$ = representa o desembolso inicial, o fluxo de caixa no momento zero, o PV.

Também podemos utilizar a seguinte fórmula para o VPL:

Fórmula nº 48

$$VPL = \sum_{n=0}^{n} \frac{FC_n}{(1 + TMA)^n}$$

A viabilidade ou não do investimento provém da seguinte análise:

- Se o VPL for menor do que zero, o investimento é rejeitado:
  - TIR < TMA.

- Se o VPL for igual a zero, o investimento é recomendado:
  - TIR = TMA.
- Se o VPL for maior que zero, o investimento é recomendado:
  - TIR > TMA.

Exemplos:

1. Calcule o VPL de um investimento de R$ 20.000,00, com retorno líquido esperado de R$ 1.000,00 ao final do primeiro ano e R$ 22.500,00 ao final do segundo ano. TMA = 10% a.a.

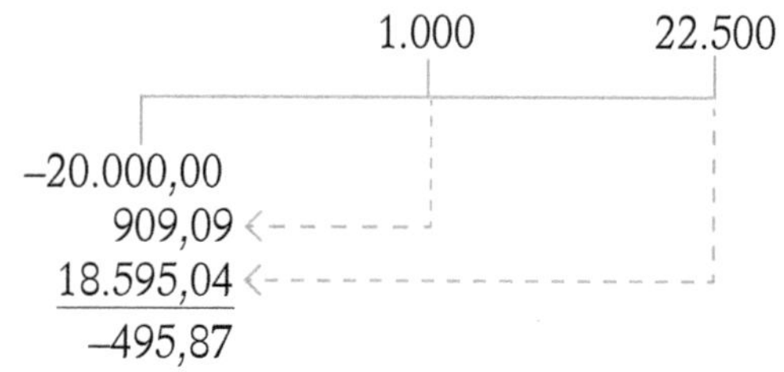

$$VPL = -20.000 + \frac{1.000}{(1 + 0,10)^1} + \frac{22.500}{(1 + 0,10)^2}$$

PL = –495,87

Na HP 12C:

20.000 [CHS] [Enter]
1.000 [Enter]
1 [Enter]
0,10 [+] [÷] [+]
22.500 [Enter]
1 [Enter]
0,10 [+]
2 [y^x] [÷] [+]

Resposta: R$ –495,87.

Função financeira da HP 12C:

[f] [CLEAR] [REG]
20.000 [CHS] [g] [CF_0]
1.000 [g] [CF_j]
22.500 [g] [CF_j]
10 [i]
[f] [NPV]

Resposta: R$ –495,87.

Conclusão:

Investimento rejeitado. VPL menor do que zero significa que a TIR é menor do que a TMA (10%).

Sem efetuar a limpeza dos registros, basta digitar [f] [IRR] para calcularmos a TIR:

- TIR = 8,60% a.a.

2. Calcule o VPL de um investimento de R$ 20.000,00, com retorno líquido esperado de R$ 2.000,00 ao final do primeiro ano e R$ 22.000,00 ao final do segundo ano. TMA = 10% a.a.

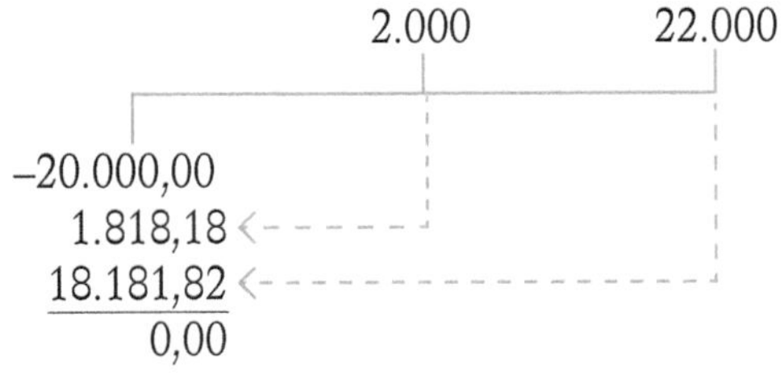

$$VPL = -20.000 + \frac{2.000}{(1 + 0{,}10)^1} + \frac{22.000}{(1 + 0{,}10)^2}$$

$$VPL = 0{,}00$$

Na HP 12C:

20.000 [CHS] [Enter]
2.000 [Enter]
1 [Enter]

0,10 [+] [÷] [+]
22.000 [Enter]
1 [Enter]
0,10 [+]
2 [y^x] [÷] [+]

Resposta: R$ 0,00.

Função financeira da HP 12C:

[f] [CLEAR] [REG]
20.000 [CHS] [g] [CF_0]
2.000 [g] [CF_j]
22.000 [g] [CF_j]
10 [i]
[f] [NPV]

Resposta: R$ 0,00.

Conclusão:

Investimento recomendado. VPL igual a zero significa que a TIR é igual à TMA (10%).

Sem efetuar a limpeza dos registros, basta digitar [f] [IRR] para calcularmos a TIR:

- TIR = 10% a.a.

3. Calcule o VPL de um projeto que apresenta um desembolso inicial de R$ 10.000,00, retorno líquido de R$ 2.000,00 ao final de 12 meses e R$ 12.000,00 ao final de 18 meses. TMA = 10% a.s.

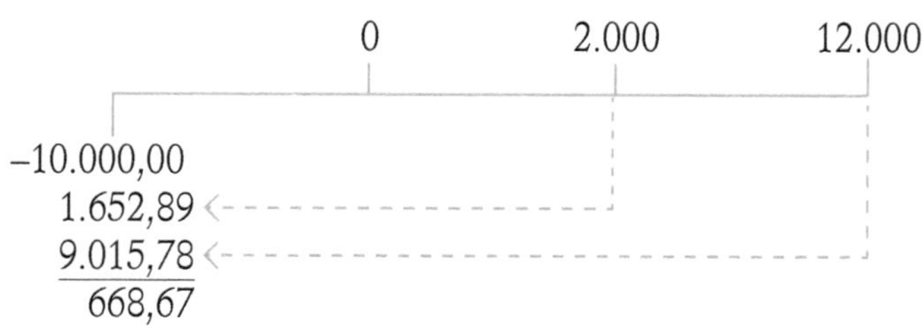

$$VPL = -10.000 + \frac{2.000}{(1 + 0{,}10)^2} + \frac{12.000}{(1 + 0{,}10)^3}$$

$$VPL = 668{,}67$$

Na HP 12C:

10.000 [CHS] [Enter]
2.000 [Enter]
1 [Enter]
0,10 [+]
2 [y^x] [÷] [+]
12.000 [Enter]
1 [Enter]
0,10 [+]
3 [y^x] [÷] [+]

Resposta: R$ 668,67.

Função financeira da HP 12C:

[f] [CLEAR] [REG]
10.000 [CHS] [g] [CF_0]
0 [g] [CF_j]
2.000 [g] [CF_j]
12.000 [g] [CF_j]
10 [i]
[f] [NPV]

Resposta: R$ 668,67.

Conclusão:

Investimento recomendado. VPL maior que zero significa que a TIR é maior que a TMA (10%).

Sem efetuar a limpeza dos registros, basta digitar [f] [IRR] para calcularmos a TIR:

- TIR = 12,53% a.s.

Operações de *leasing*

Operações de *leasing*, ou arrendamento mercantil, são apresentadas pelo mercado aos consumidores (pessoas físicas e jurídicas) como alternativa à aquisição de bens.

Do ponto de vista técnico, *leasing* não é um financiamento, trata-se de operação com características especiais. O contrato de *leasing* assemelha-se ao de aluguel, mas com a opção de o arrendatário (cliente) adquirir o bem ao final do contrato.

As modalidades mais comuns de arrendamento mercantil são o *leasing* financeiro e o *leasing* operacional.

A legislação prevê prazos mínimos para as operações de *leasing*, dependendo da modalidade e dos bens objeto do contrato.

Essas operações podem ser amortizadas ou liquidadas antecipadamente, porém, não antes dos prazos mínimos regulamentares.

Poderá haver previsão de pagamento do valor residual garantido (VRG), para quitar a opção de compra do bem, se exercida. Esse valor deve constar do contrato e representa um percentual do valor do bem.

Leasing financeiro

Modalidade de arrendamento adequada para o arrendatário (cliente) que tem a intenção de adquirir o bem. Para que isso ocorra, o arrendatário deverá exercer a opção de compra conforme previsto no contrato.

O preço de exercício da opção de compra é livremente pactuado, podendo, inclusive, ser o valor de mercado do bem.

Não há incidência de IOF (Imposto sobre Operações Financeiras), mas será cobrado ISS (Imposto sobre Serviços).

Poderá haver previsão de pagamento do VRG.

Leasing operacional

Modalidade de arrendamento adequada para o arrendatário (cliente) que a princípio não tem a intenção de adquirir o bem. Ao final do contrato, o arrendatário poderá devolver o bem à arrendadora ou exercer a opção de compra.

O preço para exercício da opção de compra deve ser o valor de mercado do bem arrendado.

Não pode haver previsão de pagamento de VRG.

Não há incidência de IOF nem ISS.

Operações com valor residual garantido

Fluxo de caixa da operação:

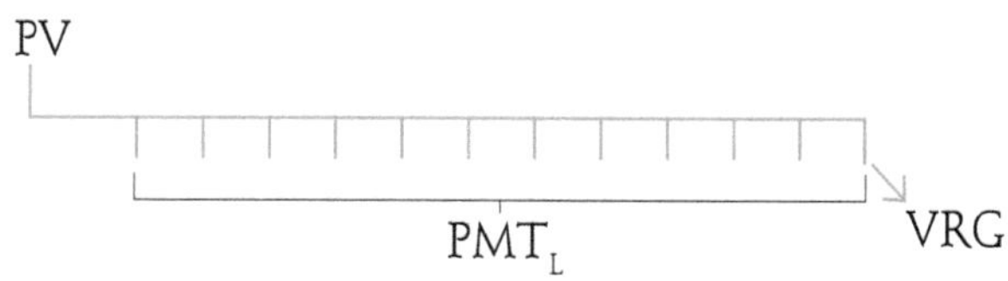

Cálculo do PMT do *leasing* com VRG

Fórmula nº 49

$$PMT_L = \left[PV - \frac{PV \times i_r}{(1+i)^n}\right] \times \left[\frac{(1+i)^n \times i}{(1+i)^n - 1}\right]$$

Em que:

PMT_L = Valor da prestação do *leasing*.

PV = Valor do bem arrendado.

i_r = Percentual do VRG.

i = Taxa da operação.

n = Prazo da operação.

Exemplo:

- PV = 100.000,00
- i_r = 10%
- i = 2% a.m.
- n = 24 meses
- PMT_L =

$$PMT_L = \left[100.000 - \frac{100.000 \times 0{,}10}{(1+0{,}02)^{24}}\right] \times \left[\frac{(1+0{,}02)^{24} \times 0{,}02}{(1+0{,}02)^{24}-1}\right]$$

Na HP 12C:

100.000 [Enter]
100.000 [Enter]
0,10 [x]
1 [Enter]
0,02 [+]
24 [y^x] [÷] [–]
1 [Enter]
0,02 [+]
24 [y^x]
0,02 [x]
1 [Enter]
0,02 [+]
24 [y^x]
1 [–] [÷] [x]

Resposta: R$ 4.958,40.

Função financeira da HP 12C:

[f] [CLEAR] [REG]
100.000 [PV]
10.000 [CHS] [FV]
2 [i]
24 [n]
[PMT]

Resposta: R$ –4.958,40.

Operações sem VRG

O cálculo do PMT do *leasing*, neste caso, utiliza a mesma metodologia já estudada em séries de pagamentos (fórmula nº 28), conforme abaixo.

Exemplo:

- PV = 100.000,00
- i = 2% a.m.
- n = 24 meses
- $PMT_L =$

$$PMT = PV \times \frac{(1 + i)^n \times i}{(1 + i)^n - 1}$$

$$PMT = 100.000 \times \frac{(1 + 0,02)^{24} \times 0,02}{(1 + 0,02)^{24} - 1}$$

Na HP 12C:

100.000 [Enter]
1 [Enter]
0,02 [+]
24 [y^x]
0,02 [x]
1 [Enter]
0,02 [+]
24 [y^x]
1 [–] [÷] [x]

Resposta: R$ 5.287,11.

Função financeira da HP 12C:

[f] [CLEAR] [REG]
100.000 [PV]
2 [i]
24 [n]
[PMT]

Resposta: R$ –5.287,11

Compra financiada (CDC) ou *leasing* financeiro

Qual a melhor alternativa para quem pretende adquirir um carro: fazer um *leasing* ou um financiamento (CDC)

Essa é uma dúvida cruel e frequente, principalmente por uma parcela de pessoas físicas interessadas apenas em comprar um carro.

A resposta depende de vários fatores, como taxa da operação, tributação IOF e ISS, outras despesas operacionais, prazo mínimo da operação e benefício fiscal no caso de pessoas jurídicas.

Tanto no *leasing* quanto no CDC, a instituição financeira é obrigada a informar o CET (custo efetivo total), que contempla todos os custos incorridos na operação (taxa contratual mais impostos, tarifas e outras despesas).

Pessoa física

- Para operações de mesmo valor e prazo, a melhor alternativa é a que apresentar o menor CET.
- Atentar para o fato de que operações de *leasing* não podem ser liquidadas ou amortizadas parcialmente, antes do prazo mínimo previsto na legislação.

Pessoa jurídica

Além do CET (custo efetivo total), é preciso observar, também, questões tributárias peculiares de cada empresa, que podem proporcionar benefício fiscal e tornar o *leasing* mais vantajoso.

- Empresas tributadas pelo regime de lucro real podem reduzir a base de tributação do Imposto de Renda (IR), mediante a contabilização do valor das contraprestações como despesas operacionais.

Custo efetivo total (CET)

O cálculo do custo efetivo total (CET) tem por objetivo tornar mais transparente o preço das operações de empréstimos e facilitar a tomada de decisão dos clientes, que, por sua vez, devem optar pelo banco que apresentar o menor CET para a mesma operação.

De acordo com a Resolução nº 3.517 do Conselho Monetário Nacional, publicada pelo Banco Central do Brasil em 6/12/2007, as instituições financeiras e as Sociedades de Arrendamento Mercantil devem informar previamente, aos clientes tomadores de empréstimos ou *leasing* financeiro, o custo total da operação, expresso na forma de taxa percentual anual denominada de CET.

O CET contempla a taxa de juros pactuada na operação e todos os demais custos (tributos, tarifas, seguros e outras despesas cobradas do cliente), sendo esses custos financiados ou não na operação.

O cálculo do CET utiliza o conceito da taxa interna de retorno (TIR) do fluxo de caixa produzido pela operação (todas as entradas e saídas de caixa).

Conforme já estudamos, o cálculo da TIR não possui solução algébrica, sendo necessário utilizarmos uma função financeira da HP 12C ou do Excel.

Transcrevemos, a seguir, a fórmula constante da Resolução nº 3.517, publicada no site do Banco Central do Brasil (www.bcb.gov.br), importantíssima fonte de informação para todos os leitores.

Cálculo do CET

Fórmula nº 50

$$\sum_{j=1}^{n} \frac{FC_j}{(1 + CET)^{\frac{(d_j - d_0)}{365}}} - FC_0 = 0$$

Em que:

FC_0 = Valor do crédito concedido, deduzido, se for o caso, das despesas e tarifas pagas antecipadamente.

FC_j = Valores cobrados pela instituição, periódicos ou não, incluindo amortizações, juros, prêmio de seguro e tarifa de cadastro ou de renovação de cadastro, quando for o caso, bem como qualquer outro custo ou encargo cobrado em decorrência da operação.

j = J-ésimo intervalo existente entre a data do pagamento dos valores periódicos e a data do desembolso inicial, expresso em dias corridos.

n = Prazo do contrato, expresso em dias corridos.

d_j = Data do pagamento dos valores cobrados, periódicos ou não (FC_j).

d_0 = Data da liberação do crédito pela instituição (FC_0).

No cálculo do CET não devem ser considerados, se utilizados, índice de preços, taxas flutuantes ou outros referenciais de remuneração cujo valor se altere no decorrer do prazo da operação, os quais devem ser divulgados juntamente com o CET.

Funções financeiras do Excel

O Excel é uma ferramenta fantástica, com inúmeráveis recursos e aplicação em todas as áreas da atividade econômica. Desse universo abrangente, mostraremos alguns recursos voltados para a área financeira.

Funções do Excel para cálculo de juros compostos

Um ponto crítico nos cálculos de juros é a adequação do prazo – variável (n), que deve ser expresso sempre na mesma periodicidade da taxa:

- Se a taxa é mensal, o prazo deve ser expresso em meses.
- Se a taxa é anual, o prazo deve ser expresso em anos.
- Se a taxa é diária, o prazo deve ser expresso em dias.

Assim, visando conferir mais segurança à planilha e diminuir o risco de erros, criaremos algumas tabelas de apoio que serão utilizadas nas fórmulas de cálculo.

Criação de tabelas de apoio

1. Abra uma pasta de trabalho do Excel e salve com o nome desejado.
2. Na *Planilha 1 (Plan1)*, vamos digitar os dados de duas tabelas: *TabPrazos* e *TipoPg*, conforme a Figura 1:

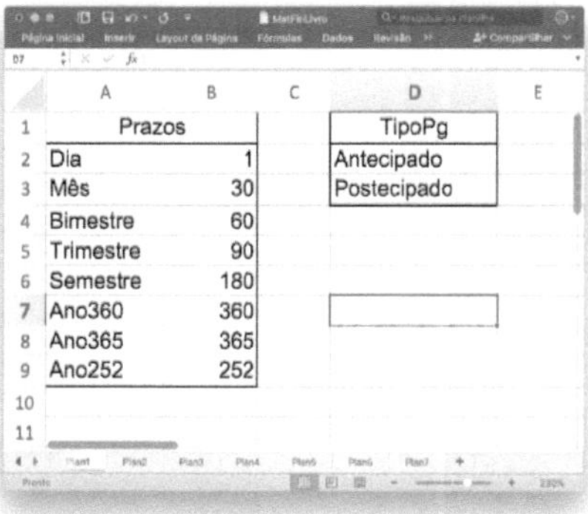

Figura 1. Tabelas de prazos e pagamentos.

3. Vamos definir nomes para os intervalos:
   a. Selecione o intervalo de células *(A2:A9)*.
   b. Na barra de ferramentas, selecione: *Fórmulas / Definir Nome*.
   c. Na caixa de diálogo, digite o nome *Período* e clique *OK* (Figura 2).
   d. Repita o procedimento, abrindo os nomes *TabPrazos* para o intervalo *(A2:B9)* e *TipoPg* para o intervalo *(D2:D3)*.

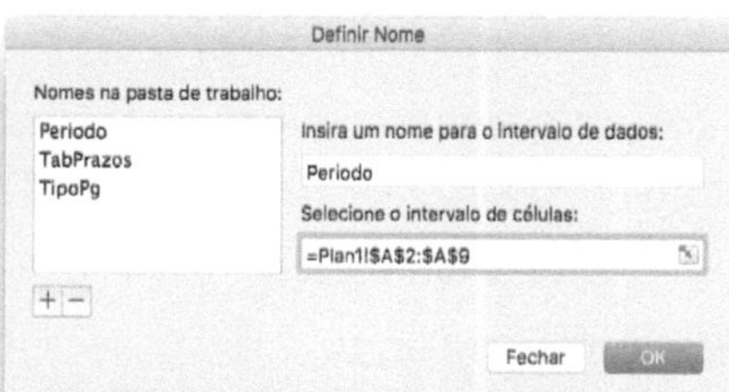

Figura 2. Atribuição de nome para intervalo.

Com as tabelas criadas e nomeadas, vamos empregar dois recursos do Excel para utilizá-las.

Ferramenta Validação de dados

Tem por objetivo impedir a digitação de dados inválidos em uma célula, mediante a imposição de condições de validação.

Exemplo:

Implemente a validação de dados na *(Plan2)*, célula *(B1)*, campo *Periodicidade da taxa*:

1. Na *Planilha 2 (Plan2)*, selecione a célula *(B1)*.
2. Na barra de ferramentas, selecione: *Dados / Validação de dados*.
3. Na caixa de diálogo, selecione: *Configurações*.
4. Em *Critério de validação*, selecione: *Permitir*: *Lista*; em *Fonte*: digite *=período*.
5. Para finalizar, clique em *OK* (Figura 3).

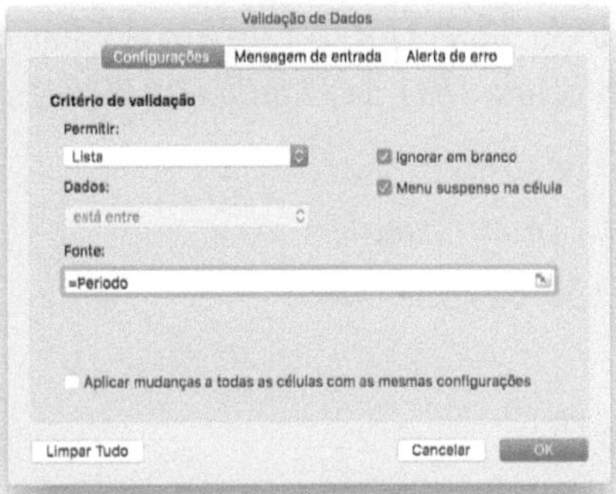

Figura 3. Validação de dados.

Uma vez implementada a validação de dados, a célula *(B1)* aceitará somente valores constantes da lista, conforme demonstrado na Figura 4.

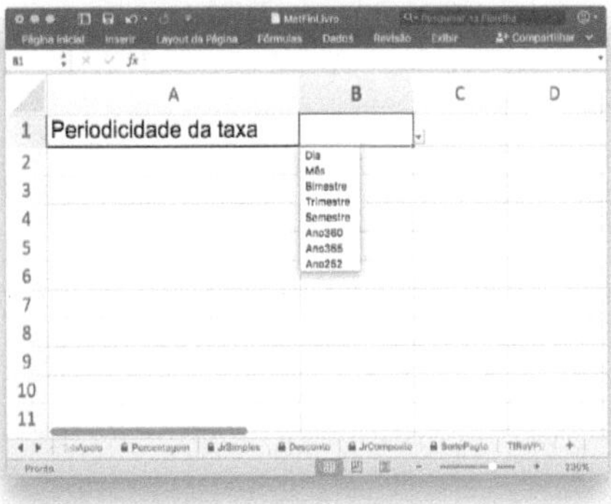

Figura 4. Demonstração da validação de dados.

Função PROCV (procura vertical)

Essa função procura um valor na primeira coluna à esquerda de uma tabela e retorna o valor existente na mesma linha, de uma coluna especificada, inclusive a própria coluna.

Exemplos:

1. Na tabela *TabPrazos* (Figura 1), procure o valor igual a "Semestre" e retorne o valor correspondente que se encontra na mesma linha da coluna seguinte.

   Com esse racional, a função vai encontrar o valor "Semestre" na coluna *(A)* e retornar o seu correspondente na coluna *(B)*, que é 180.
2. Crie uma função para procurar, na tabela *TabPrazos*, o número de dias correspondentes ao período registrado na célula *(B1)* da *Planilha 2 (Plan2)*:
   a. Na *(Plan2)* selecione a célula *(B6)*.
   b. Na barra de fórmulas, clique em *(fx) Inserir Função.*
   c. Na caixa de diálogo, selecione *PROCV* e clique *OK.*
   d. Argumentos da função (Figura 5):
      - *valor_procurado*: clique na célula *(B1)*.
      - *matriz_tabela*: digite *TabPrazos* (nome da tabela).
      - *núm_índice_coluna*: digite *2* (correspondente à segunda coluna).
      - *procurar_intervalo*: digite *FALSO.*
   e. Para encerrar, clique *OK.*

Figura 5. Procura vertical.

Atenção:

O argumento da função *(Procurar_intervalo)* pode assumir os seguintes valores:

- 0 / FALSO, para que a função encontre um correspondente exato (igual) ao valor procurado.
- 1 / VERDADEIRO, para que a função encontre um correspondente aproximado ao valor procurado. Nesse caso, a lista deve estar classificada em ordem crescente.

As duas alternativas são úteis e a escolha entre elas depende da situação.

Na Figura 6, demonstramos a sintaxe da função PROCV, que se encontra na célula *(B6)*, e a sua aplicação prática. Ao digitarmos o termo "Trimestre" na célula *(B1)*, a planilha retornou o valor 90 na célula *(B6)*.

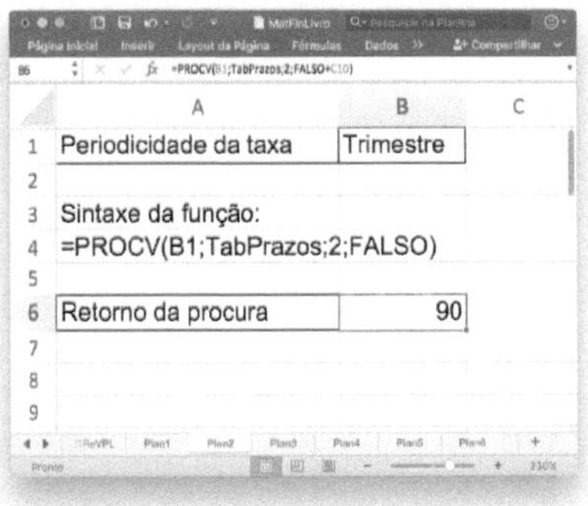

Figura 6. Demonstração da procura vertical.

Criadas as condições de segurança, desenvolveremos, então, uma planilha para cálculo de juros compostos que atenderá às seguintes condições:

- Prazo das operações expresso em dias, como ocorre no mercado, para as operações com pagamento único.
- A taxa poderá ser expressa em % ao dia, mês, bimestre, trimestre, semestre, ano360, ano365 ou ano252, conforme tabela *TabPrazos*, criada na *(Plan1)*.
- O campo destinado à periodicidade da taxa deverá ser validado, conforme demonstrado na Figura 4.

Para fins didáticos, criaremos um campo denominado *Ajuste do (n)*, que será calculado dividindo-se o prazo da operação (variável *n*) pelo número de dias existentes na periodicidade da taxa. Em uma planilha de trabalho, esse campo pode ficar oculto.

A estrutura e os campos da planilha estão descritos na Figura 7.

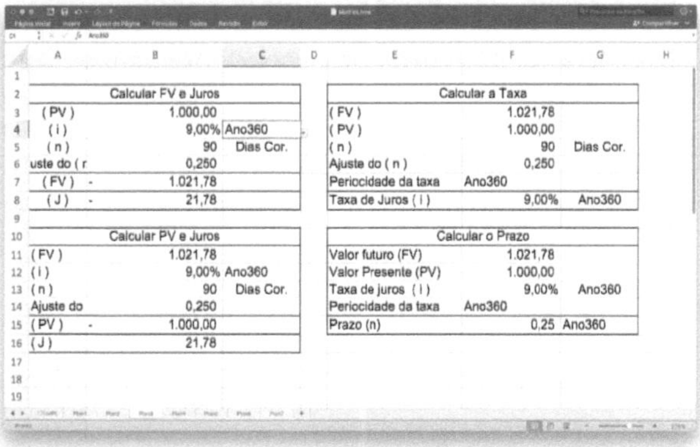

Figura 7. Cálculos de juros compostos.

As fórmulas e as funções usadas na planilha estão descritas nas Figuras 8 e 9:

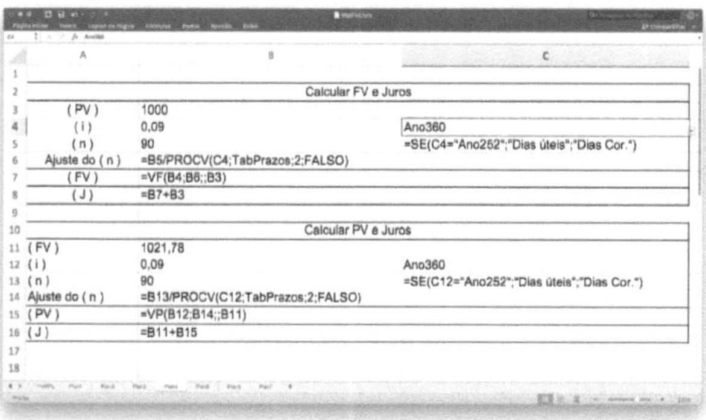

Figura 8. Fórmulas e funções para cálculo de FV, PV e J .

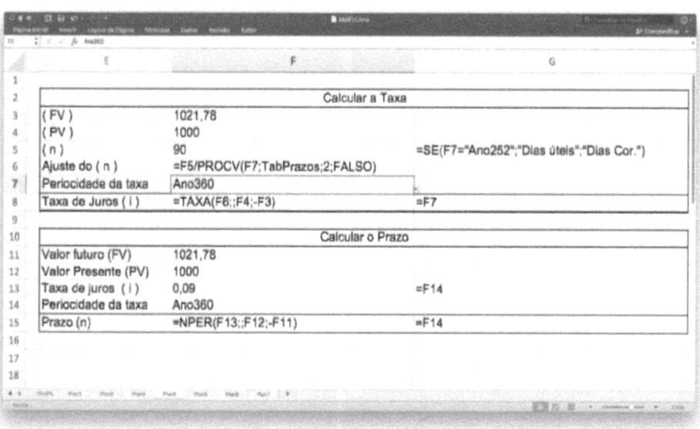

Figura 9. Fórmulas e funções para cálculo de taxas e prazos.

Funções do Excel para cálculo de séries de pagamentos uniformes

As funções financeiras do Excel trabalham com o conceito de fluxo de caixa das operações, a entrada de recursos representada com o sinal positivo e a saída com o sinal negativo.

Em uma planilha, se inserimos valores conflitantes com essa lógica, a função financeira poderá retornar uma mensagem de ERRO ou, ainda pior, dependendo da situação, um valor incorreto.

Assim, visando conferir mais segurança à planilha e diminuir o risco de erros, faremos uso da função ABS, precedida do sinal correto (positivo ou negativo).

- A função ABS retorna o valor absoluto de um número (o número sem o seu sinal). Sintaxe: *ABS(num)*.

Para demonstrar essa função, criaremos uma planilha que atenderá às seguintes condições:

- O sistema de amortização utilizado será o Price ou francês.
- Demonstraremos os cálculos para séries de pagamentos antecipadas e postecipadas.
- A taxa da operação deverá ser expressa sempre na periodicidade das parcelas (taxa mensal para parcelas mensais; taxa anual para parcelas anuais).
- Nos argumentos da função financeira, faremos uso da função ABS, conforme descrito anteriormente.

A estrutura e os campos da planilha estão descritos na Figura 10, e as fórmulas e funções estão descritas nas Figuras 11 e 12:

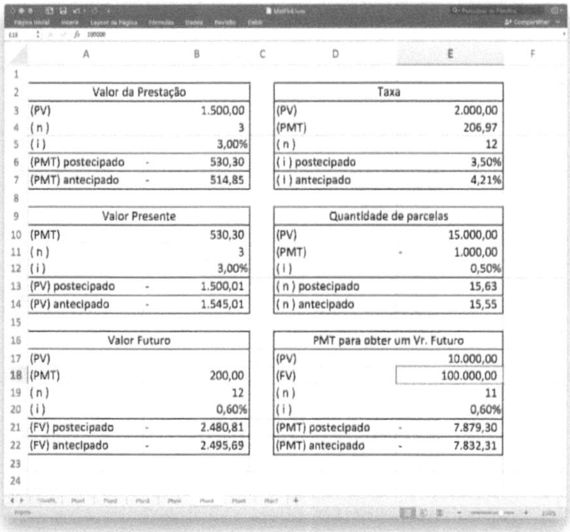

Valor da Prestação	
(PV)	1.500,00
(n)	3
(i)	3,00%
(PMT) postecipado	530,30
(PMT) antecipado	514,85

Taxa	
(PV)	2.000,00
(PMT)	206,97
(n)	12
(i) postecipado	3,50%
(i) antecipado	4,21%

Valor Presente	
(PMT)	530,30
(n)	3
(i)	3,00%
(PV) postecipado	1.500,01
(PV) antecipado	1.545,01

Quantidade de parcelas	
(PV)	15.000,00
(PMT)	1.000,00
(i)	0,50%
(n) postecipado	15,63
(n) antecipado	15,55

Valor Futuro	
(PV)	
(PMT)	200,00
(n)	12
(i)	0,60%
(FV) postecipado	2.480,81
(FV) antecipado	2.495,69

PMT para obter um Vr. Futuro	
(PV)	10.000,00
(FV)	100.000,00
(n)	11
(i)	0,60%
(PMT) postecipado	7.879,30
(PMT) antecipado	7.832,31

Figura 10. Cálculos de séries de pagamentos.

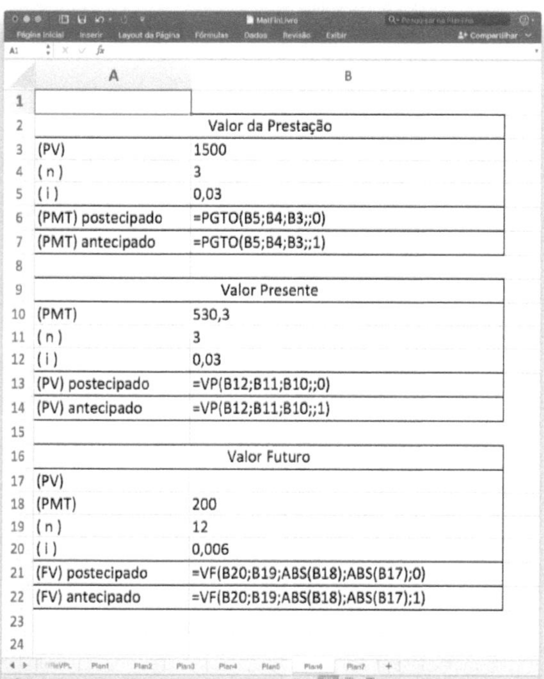

Valor da Prestação	
(PV)	1500
(n)	3
(i)	0,03
(PMT) postecipado	=PGTO(B5;B4;B3;;0)
(PMT) antecipado	=PGTO(B5;B4;B3;;1)

Valor Presente	
(PMT)	530,3
(n)	3
(i)	0,03
(PV) postecipado	=VP(B12;B11;B10;;0)
(PV) antecipado	=VP(B12;B11;B10;;1)

Valor Futuro	
(PV)	
(PMT)	200
(n)	12
(i)	0,006
(FV) postecipado	=VF(B20;B19;ABS(B18);ABS(B17);0)
(FV) antecipado	=VF(B20;B19;ABS(B18);ABS(B17);1)

Figura 11. Fórmulas e funções para séries de pagamentos (PMT, PV e FV).

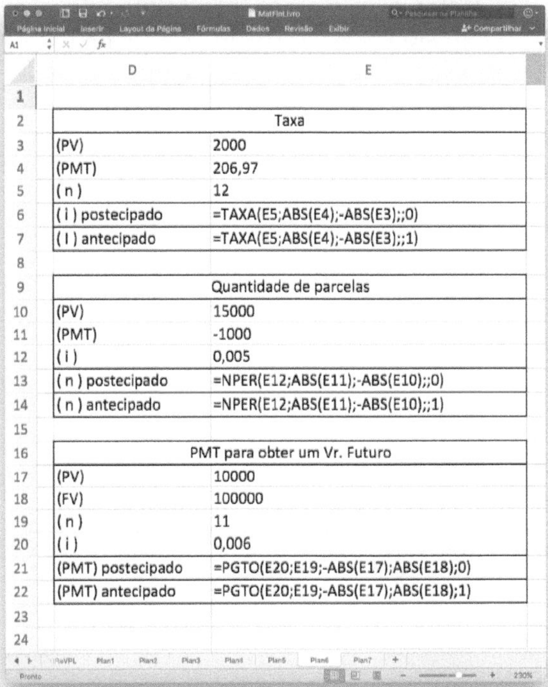

	D	E
1		
2	Taxa	
3	(PV)	2000
4	(PMT)	206,97
5	(n)	12
6	(i) postecipado	=TAXA(E5;ABS(E4);-ABS(E3);;0)
7	(I) antecipado	=TAXA(E5;ABS(E4);-ABS(E3);;1)
8		
9	Quantidade de parcelas	
10	(PV)	15000
11	(PMT)	-1000
12	(i)	0,005
13	(n) postecipado	=NPER(E12;ABS(E11);-ABS(E10);;0)
14	(n) antecipado	=NPER(E12;ABS(E11);-ABS(E10);;1)
15		
16	PMT para obter um Vr. Futuro	
17	(PV)	10000
18	(FV)	100000
19	(n)	11
20	(i)	0,006
21	(PMT) postecipado	=PGTO(E20;E19;-ABS(E17);ABS(E18);0)
22	(PMT) antecipado	=PGTO(E20;E19;-ABS(E17);ABS(E18);1)
23		
24		

Figura 12. Fórmulas e funções para séries de pagamentos (PMT, taxas e prazos).

Funções TIR (taxa interna de retorno) e VPL (valor presente líquido)

Por definição, as funções TIR e VPL estão intimamente ligadas, e os cálculos dependem das seguintes condições:

- Conhecimento dos fluxos de caixa líquidos, dispostos em uma matriz na ordem em que ocorrem os pagamentos e recebimentos.
- As parcelas podem ter valores diferentes, porém, devem apresentar intervalos regulares, como mensal, semestral, anual, etc.
- No cálculo da TIR, a taxa resultante deverá ser expressa na mesma periodicidade das parcelas.
- No cálculo do VPL, a TMA (taxa mínima de atratividade) a ser utilizada deverá estar na mesma periodicidade das parcelas.

Sugerimos não incluir o desembolso inicial de caixa nos argumentos da função VPL, mas somá-lo posteriormente ao valor retornado pela função, conforme demonstrado na Figura 13.

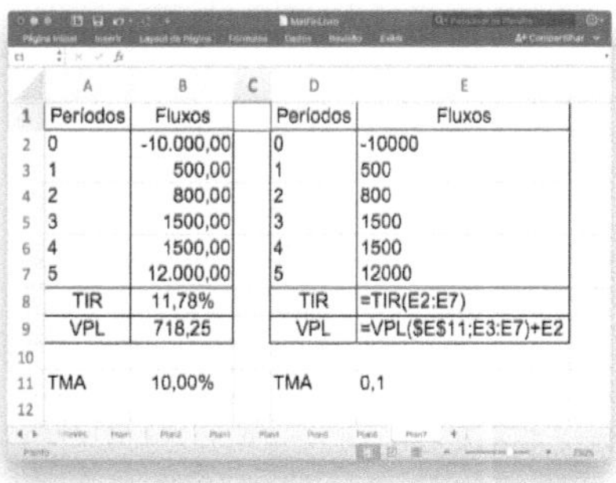

Figura 13. Cálculo da TIR e do VPL.

Nas Figuras 14 e 15 demonstramos os argumentos das funções TIR e VPL.

Figura 14. Taxa interna de retorno (TIR).

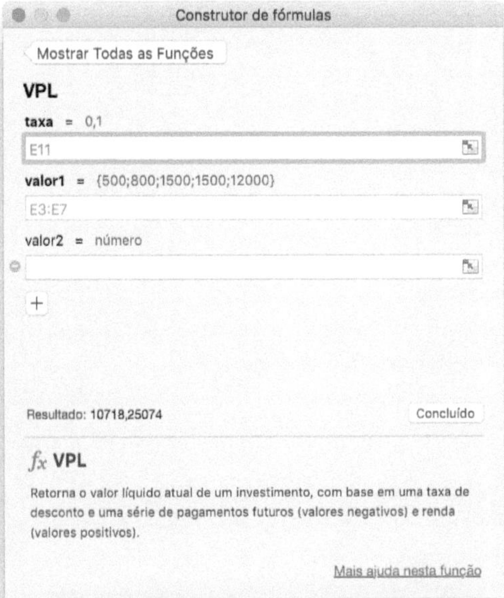

Figura 15. Valor presente líquido (VPL).

Funções XTIR e XVPL

Essas funções são destinadas ao cálculo da TIR e do VPL de fluxos de caixa com períodos irregulares entre as parcelas, de acordo com as seguintes condições:

- Conhecimento do fluxo de caixa líquido e as respectivas datas de cada evento, dispostos em uma matriz.
- A TIR, calculada pela função XTIR, deve ser expressa em por cento ao ano exato (365 dias).
- Para calcular o VPL por meio da função XVPL, a TMA a ser utilizada deverá estar expressa em por cento ao ano exato (365 dias).

Nas Figuras 16, 17 e 18 demonstramos as funções.

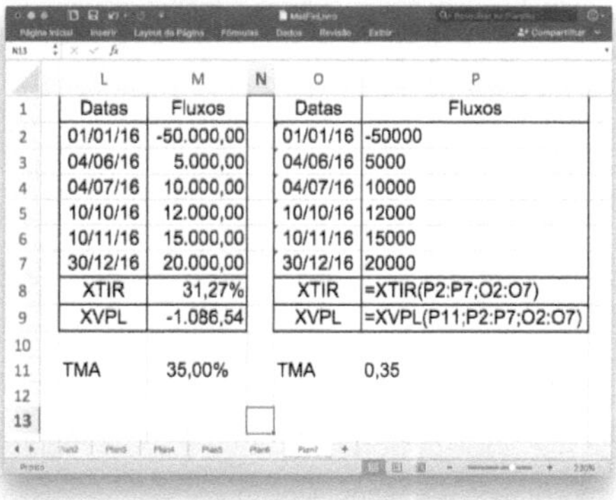

	L	M	N	O	P
1	Datas	Fluxos		Datas	Fluxos
2	01/01/16	-50.000,00		01/01/16	-50000
3	04/06/16	5.000,00		04/06/16	5000
4	04/07/16	10.000,00		04/07/16	10000
5	10/10/16	12.000,00		10/10/16	12000
6	10/11/16	15.000,00		10/11/16	15000
7	30/12/16	20.000,00		30/12/16	20000
8	XTIR	31,27%		XTIR	=XTIR(P2:P7;O2:O7)
9	XVPL	-1.086,54		XVPL	=XVPL(P11;P2:P7;O2:O7)
10					
11	TMA	35,00%		TMA	0,35
12					
13					

Figura 16. Cálculo da XTIR e XVPL.

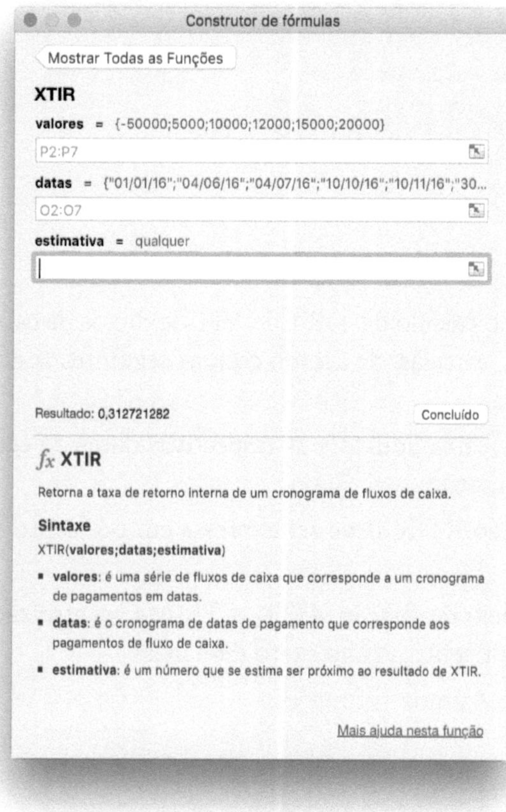

Figura 17. Função XTIR.

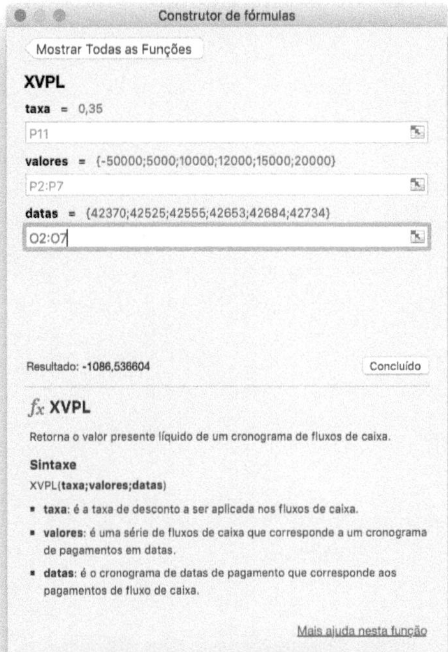

Figura 18. Função XVPL.

Referências

CASTELO BRANCO, Anísio Costa. **Matemática financeira aplicada**. 3. ed. São Paulo: Cengage Learning, 2010.

GUIDORIZZI, Hamilton Luiz. **Um curso de cálculo**. 3. ed. Rio de Janeiro: LTC Livros Técnicos e Científicos, 1998.

HEWLETT-PACKARD. **HP 12C** – Manual do proprietário e guia para solução de problemas. São Paulo: HP, 1981.

LEMES JR, Antonio Barbosa; CHEROBIM, Ana Paula Mussi; RIGO, Claudio Miessa. **Fundamentos de finanças empresariais**. Rio de Janeiro: LTC Livros Técnicos e Científicos, 2015.

SECURATO, Jose Roberto. **Cálculo financeiro das tesourarias**: bancos e empresas. São Paulo: Saint Paul, 1999.

SILVA, Edson Cordeiro da. **Como administrar o fluxo de caixa das empresas**. 6. ed. São Paulo: Atlas, 2012.

VIEIRA SOBRINHO, Jose Dutra. **Matemática financeira**. 3. ed. São Paulo: Atlas, 1986.

Site

BANCO CENTRAL DO BRASIL: www.bcb.gov.br.

Índice geral

Helio de Carvalho Mielli é graduado em ciências econômicas pelo Centro Universitário Municipal de Franca (Uni-Facep), possui pós-graduação em derivativos pela Universidade de São Paulo (USP) e BM&F e MBA em administração bancária pela Associação Brasileira dos Bancos Comerciais Estaduais (Asbace). Analista de mercado financeiro, com vinte anos de atuação nas tesourarias de dois grandes bancos, atua também como docente no Senac São Paulo na área de gestão e negócios.

www.ingramcontent.com/pod-product-compliance
Ingram Content Group UK Ltd.
Pitfield, Milton Keynes, MK11 3LW, UK
UKHW040325300826
14791UKWH00003B/1119